"十四五"国家重点出版物出版规划项目

青少年科学素养提升出版工程

中国青少年科学教育丛书

总主编　郭传杰　周德进

力和能量的世界

郑青岳 编著

浙江教育出版社·杭州

图书在版编目（CIP）数据

力和能量的世界 / 郑青岳编著. -- 杭州 ： 浙江教育出版社，2022.10（2024.5 重印）

（中国青少年科学教育丛书）

ISBN 978-7-5722-3204-6

Ⅰ. ①力… Ⅱ. ①郑… Ⅲ. ①物理学－青少年读物 Ⅳ. ①04-49

中国版本图书馆CIP数据核字(2022)第040165号

中国青少年科学教育丛书

力和能量的世界

ZHONGGUO QINGSHAONIAN KEXUE JIAOYU CONGSHU

LI HE NENGLIANG DE SHIJIE

郑青岳　编著

策　　划　周　俊	责任校对　陈阿倩
责任编辑　余理阳	营销编辑　滕建红
责任印务　曹雨辰	美术编辑　韩　波
封面设计　刘亦璇	

出版发行　浙江教育出版社（杭州市环城北路177号 电话：0571-88909724）

图文制作　杭州兴邦电子印务有限公司

印　　刷　杭州富春印务有限公司

开　　本　710mm×1000mm　　1/16

印　　张　17.75

字　　数　355 000

版　　次　2022年10月第1版

印　　次　2024年5月第3次印刷

标准书号　ISBN 978-7-5722-3204-6

定　　价　48.00元

如发现印、装质量问题，请与我社市场营销部联系调换。联系电话：0571-88909719

中国青少年科学教育丛书
编委会

总序

　　高度重视科学教育，已成为当今社会发展的一大时代特征。对于把建成世界科技强国确定为 21 世纪中叶伟大目标的我国来说，大力加强科学教育，更是必然选择。

　　科学教育本身即是时代的产物。早在 19 世纪中叶，自然科学较完整的学科体系刚刚建立，科学刚刚度过摇篮时期，英国著名博物学家、教育家赫胥黎就写过一本著作《科学与教育》。与其同时代的哲学家斯宾塞也论述过科学教育的重要价值，他认为科学学习过程能够促进孩子的个人认知水平发展，提升其记忆力、理解力和综合分析能力。

　　严格来说，科学教育如何定义，并无统一说法。我认为科学教育的本质并不等同于社会上常说的学科教育、科技教育、科普教育，不等同于科学与教育，也不是以培养科学家为目的的教育。究其内涵，科学教育一般包括四个递进的层面：科学的技能、知识、方法论及价值观。但是，这四个层面并非同等重要，方法论是科学教育的核心要素，科学的价值观是科学教育期望达到的最高层面，而知识和技能在科学教育中主要起到传播载体的功用，并非主要目的。科学教育的主要目的是提高未来公民的科学素养，而不仅仅是让他们成为某种技能人才或科学家。这类似于基础教育阶段的语文、体育课程，其目的是提升孩子的人文素养、体能素养，而不是期望学生未来都成为作家、专业运动员。对科学教育特质的认知和理解，在很大程度上决定着科学教育的方法和质量。

科学教育是国家未来科技竞争力的根基。当今时代，经历了五次科技革命之后，科学技术对人类的影响无处不在、空前深刻，科学的发展对教育的影响也越来越大。以色列历史学家赫拉利在《人类简史》里写道：在人类的历史上，我们从来没有经历过今天这样的窘境——我们不清楚如今应该教给孩子什么知识，能帮助他们在二三十年后应对那时候的生活和工作。我们唯一可以做的事情，就是教会他们如何学习，如何创造新的知识。

在科学教育方面，美国在 20 世纪 50 年代就开始了布局。世纪之交以来，为应对科技革命的重大挑战，西方国家纷纷出台国家长期规划，采取自上而下的政策措施直接干预科学教育，推动科学教育改革。德国、英国、西班牙等近 20 个西方国家，分别制定了促进本国科学教育发展的战略和计划，其中英国通过《1988年教育改革法》，明确将科学、数学、英语并列为三大核心学科。

处在伟大复兴关键时期的中华民族，恰逢世界处于百年未有之大变局，全球化发展的大势正在遭受严重的干扰和破坏。我们必须用自己的原创，去实现从跟跑到并跑、领跑的历史性转变。要原创就得有敢于并善于原创的人才，当下我们在这方面与西方国家仍然有一段差距。有数据显示，我国高中生对所有科学科目的感兴趣程度都低于小学生和初中生，其中较小学生下降了9.1%；在具体的科目上，尤以物理学科为甚，下降达18.7%。2015年，国际学生评估项目（PISA）测试数据显示，我国15岁学生期望从事理工科相关职业的比例为16.8%，排全球第68位，科研意愿显著低于经济合作与发展组织（OECD）国家平均水平的24.5%，更低于美国的38.0%。若未来没有大批科技创新型人才，何谈到本世纪中叶建成世界科技强国！

从这个角度讲，加强青少年科学教育，就是对未来的最好投资。小学是科学兴趣、好奇心最浓厚的阶段，中学是高阶思维培养的黄金时期。中小学是学生个体创新素质养成的决定性阶段。要想30年后我国科技创新的大树枝繁叶茂，就必须扎扎实实地培育好当下的创新幼苗，做好基础教育阶段的科学教育工作。

发展科学教育，教育主管部门和学校应当负有责任，但不是全责。科学教育是有跨界特征的新事业，只靠教育家或科学家都做不好这件事。要把科学教育真正做起来并做好，必须依靠全社会的参与和体系化的布局，从战略规划、教育政策、资源配置、评价规范，到师资队伍、课程教材、基地建设等，形成完整的教育链，像打造共享经济那样，动员社会相关力量参与科学教育，跨界支援、协同合作。

正是秉持上述理念和态度，浙江教育出版社联手中国科学院科学传播局，组织国内科学家、科普作家以及重点中学的优秀教师团队，共同实施"青少年科学素养提升出版工程"。由科学家负责把握作品的科学性，中学教师负责把握作品同教学的相关性。作者团队在完成每部作品初稿后，均先在试点学校交由学生试读，再根据学生反馈，进一步修改、完善相关内容。

"青少年科学素养提升出版工程"以中小学生为读者对象，内容难度适中，拓展适度，满足学校课堂教学和学生课外阅读的双重需求，是介于中小学学科教材与科普读物之间的原创性科学教育读物。本出版工程基于大科学观编写，涵盖物理、化学、生物、地理、天文、数学、工程技术、科学史等领域，将科学方法、科学思想和科学精神融会于基础科学知识之中，旨在为青少年打开科学之窗，帮助青少年开阔知识视野，洞察科学内核，提升科学素养。

"青少年科学素养提升出版工程"由"中国青少年科学教育丛书"和"中国青少年科学探索丛书"构成。前者以小学生及初中生为主要读者群，兼及高中生，与教材的相关性比较高；后者以高中生为主要读者群，兼及初中生，内容强调探索性，更注重对学生科学探索精神的培养。

"青少年科学素养提升出版工程"的设计，可谓理念甚佳、用心良苦。但是，由于本出版工程具有一定的探索性质，且涉及跨界作者众多，因此实际质量与效果如何，还得由读者评判。衷心期待广大读者不吝指正，以期日臻完善。是为序。

2022 年 3 月

目录

第 1 章

运动的描述

　　一只昆虫在水面上方自由地飞舞，不幸被下方的青蛙发现。青蛙"嗖"地一声从水中跃起，扑向昆虫。青蛙要准确捕食昆虫，需要判断昆虫飞行的方向和速度，也要控制跃起的方向和速度。宇宙万物都在不停地运动，构成一幅美丽的动感画面。要研究物体的运动，首先需要学会描述运动的方法。

图 1-1　青蛙捕食

把物体看作点

有些事情初看上去似乎很容易做，但仔细想想却不然。比如，确定物体所在的位置。

物体空间位置的改变叫作机械运动。要研究机械运动的规律，首先要确定物体的位置。只有知道物体在 t_1 和 t_2 时刻所在的位置，才能确定在 $\Delta t = t_2 - t_1$ 时间内物体位置移动的方向和大小，进而研究物体位置移动的快慢等问题。例如，某同学这样描述自己上学的过程："上午 6 时 50 分，我走出家门，过了 5 分钟，到达15 路公交车站，然后乘坐公交车于 7 时 20 分到达学校。"这段话中，"家""15 路公交车站""学校"等，都是该同学在不同时刻所在的位置。但是，这种定性的描述太粗略，我们希望从粗略的定性描述上升到精确的定量描述，从而使研究得以深入。

为了进行精确的定量描述，我们需要选定一个参照物，并在参照物的基础上抽象出一个坐标系。坐标系（图 1-2）有一维的 Ox 坐标系（图 1-2a），用于研究物体的直线运动，如物体的自由下落运动；也有二维的 Oxy 坐标系（图 1-2b），用于研究物体的平面运动，如摆钟摆锤的运动；还有三维的 $Oxyz$ 坐标系（图 1-2c），用于研究物体的三维运动，如飞机在空中的运动，等等。利用坐标系中的坐标值，可以精确地确定物体在空间中的位置。

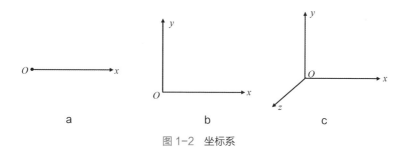

图 1-2 坐标系

但是，在利用坐标系确定物体的位置时，我们却会陷入十分尴尬的境地。例如，在图 1-3 中，足球沿水平面做直线运动，我们却很难定量地描述它在图示时刻所在的位置。这是因为足球是有大小、形状的，在该时刻，足球上不同的点所在的位置各不相同。我们只能说出某个点所在的位置，而无法说出足球所在的位置。

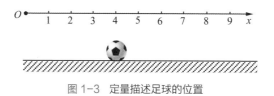

图 1-3 定量描述足球的位置

看来，我们应该退一步。足球虽然具有大小和形状，是由无穷多个点构成的。但是，足球在宽广的足球场上运动时，与足球场相比，我们可以忽略足球的形状和大小，而把它近似地看作一个集中到球心的点。这样就能十分容易地描述它在某时刻的位置，并不会对描述结果造成多大的偏差。这里的"退一步"其实就是一种思想方法，它抓住了事物的主要因素，而忽略了事物的次要因素。

　　把实际物体看作一个点的做法，我们其实并不陌生，例如，一艘巨轮在大海中航行，我们会用经纬度来描述它某时所在的位置，这里，我们就是把轮船简化成一个点。虽然巨轮能够装载数万吨的货物，但与浩瀚的大海相比，其形状和大小是可以忽略不计的。又如，如果我们乘坐高铁从杭州去北京，当高铁驶进北京站时，边上有旅客说："到站了。"我们谁也不会去纠正说："不对！现在车头刚进站，车尾还没进站。"这里，我们实际上已经忽略了列车的形状和大小，把它看作一个点。虽然列车的线度不小，但与杭州至北京漫长的路途相比，却是微乎其微的。

　　有时，虽然物体的线度不可忽略，但因物体上各个点的运动完全相同，或研究的是物体整体的运动，我们也可以用一个点的运动代替物体整体的运动。例如，一列火车在笔直的铁轨上行驶时，我们可以将它看作一点，计算列车在多少时间内通过多少路程，而不必计算列车上每个点通过的路程。当列车穿过某座大桥时，如图 1-4 所示，我们可以取车头上的某一点的运动路程 $s = L_1 + L_2$，用公式 $t = \frac{s}{v}$ 计算列车通过大桥需要的时间。

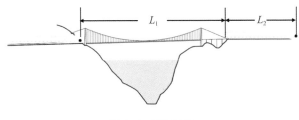

图 1-4　列车过桥

　　光不是实体，它在空间中是以波的形式传播的。我们常常会用光线反映光传播的路径和方向。其实，我们也可以一个点的运动来代替光的传播。如图 1-5 所示，用点的运动模型，我们不但可以求得光从太阳传到地球需要多少时间，还可以求得射向地球的太阳光从太阳发出后，在不同时刻到达的位置。

图 1-5　用点的运动模型代替光的传播
（注：未按比例绘制，仅示意光的传播）

思考

　　试举例说明，你还会在哪些场合把某个物体看作一个点，而不去计较该物体的形状和大小？

频闪摄影

　　飞机在天空中飞行时，尽管天空非常广阔，但由于飞行速度很大，仍有可能与其他飞机发生碰撞的事故。为了避免这种危险，飞机在夜间航行时，必须打开航行灯（如图1-6）。航行灯也称为位置灯，它是一种频闪灯，即每隔相等的时间会闪一下。根据这个闪光，我们能方便地在黑夜判知飞机的位置，还可以判断飞机的运动方向，以及估计下一次闪光时飞机将在哪里。

图1-6 飞机夜航时机翼上的频闪灯

与飞机的频闪灯相类似，在研究物体运动时，为了能够将物体在运动过程中不同时刻所在的位置记录下来，一个常用的方法是频闪摄影。频闪摄影，又称连闪摄影，是借助于电子闪光灯的连续闪光，在一个画面上记录物体连续运动过程的摄影方法。具体地说，是在一个暗室内，用一架快门总是打开的照相机，每隔相等的时间打开电子频闪灯，照亮研究对象，从而对研究对象等时间间隔进行多次拍照。电子频闪灯是一种新型的摄影照明灯具，当被充足电后，可以像连发手枪一样，一次紧接一次地频繁闪光。电子频闪灯的闪光频率可以根据需要调节，闪光频率越高，相同时间内底片曝光次数越多，在照片上出现的影像也越多。照相机两次相邻曝光的时间间隔等于频闪灯两次相邻闪光的时间间隔，减小两次相邻拍照的时间间隔，可以使物体位置的确定更为精细。

图 1-7a 是一个小球摆动时的频闪照片，由于小球通过任意两个相邻位置经历的时间相等，所以，相邻两个位置间距较大，表明小球的运动速度较大。从这张照片可以看到，小球向下摆动时，速度越来越大；小球向上摆动时，速度越来越小。从这张照片还可以看到，摆球在左右两个极端位置几乎是等高的。图 1-7b 是一个苹果在空中坠落时运动状态的频闪照片，同理可知，苹果坠落时，速度越来越大。

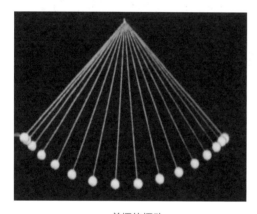
a. 单摆的摆动

b. 苹果的坠落

图 1-7　频闪照片

频闪摄影不但可以记录简单物体在运动不同时刻的位置，也可用于记录复杂物体在运动不同时刻的位置和姿态，如图 1-8 所示的是高台跳水运动过程的频闪照片，如图 1-9 所示的是打高尔夫球过程的频闪照片。根据这些照片，人们可以分析运动过程中每个动作的细节，认识其合理性或存在的缺陷。

图 1-8　高台跳水的频闪照片　　　　图 1-9　打高尔夫球过程的频闪照片

思考

图 1-10 为一个体操运动员运动过程的频闪照片，闪光的频率是每秒 10 次，在图示过程中，照相机的快门打开了多久？该运动员的脚在哪段运动得最快？

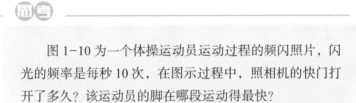

图 1-10　运动员运动的频闪照片

萨尔维阿蒂的大船

　　我们每天看到太阳东升西落，生活的经验使人们形成地球是静止的、太阳绕着地球旋转的观点。古希腊天文学家托勒密创立的"地心说"认为，地球位于宇宙的中心。波兰天文学家哥白尼则在其代表作《天体运行论》中提出了"日心说"，认为地球不但日夜不停地绕着自身的轴线自转，而且绕着太阳公转。太阳的东升西落是地球的自转引起的，是人以地球为参照物看到太阳的运动。

　　在伽利略时代，人们对"地心说"和"日心说"仍争论不休，反对"日心说"的人提出一条强硬的理由：如果地球是在高速运动，地面上的人为什么一点也感觉不到呢？

　　伽利略是"日心说"的坚强捍卫者，他在《关于托勒密和哥白尼两大世界体系的对话》一书中，借用书中的地动派"萨尔维阿蒂"之口，展示了一个设计巧妙的思想实验，非常生动地描述了一个做匀速直线运动的大船船舱里发生的力学现象，对地心派的非难给予明确的回答。他这样写道（参见图1-11）：

　　"把你和一些朋友关在一条大船甲板下的主舱里，再让你们带几只苍蝇、蝴蝶和其他小虫。舱内放一只大水碗，其中放几条鱼。然后挂上一个水瓶，让水一滴一滴地滴到下面的一个宽口罐里。船停着不动时，你留神观察，小虫都以等速向舱内各个方向飞行，鱼向各个方向随便游动，水滴滴进下面的罐子中，你把任

图 1-11　萨尔维阿蒂的大船

何东西扔给你的朋友时，只要距离相等，向这一方向不必比向另一方向用更多的力。你无论向哪个方向双脚齐跳，跳过的距离都相等。当你仔细观察这些现象后，即使船以任何速度前进，只要运动都是匀速的，也不忽左忽右地摆动。你将发现，所有上述现象丝毫没有改变，即使船运动得相当快，你也无法依据其中任何一个现象来确定，船是运动还是静止的。在跳跃时，你将和以前一样，在船板上跳过相同的距离，你跳向船尾也不会比跳向船头来得远，虽然你跳到空中时，脚下的船底向跳的相反方向移动。你不论扔什么东西给你的同伴，不论他是在船头还是在船尾，只要你自己站在对面，你也不需用更多的力。水滴将像先前一样，滴进下面的罐子，一滴也不会滴向船尾，虽然水滴在空中时，船已行驶了一段距离。鱼在水中游向水碗前部所用的力，不比游向水碗后部来得大；它们一样悠闲地游向放在水碗边缘任何地方的食饵。最后，蝴蝶和苍蝇继续随便地到处飞行，它们也绝不会向船尾集中，并不会因为它们可能长时间留在空中，脱离了船的运动，为赶上船而费劲地运动。"

伽利略通过萨尔维阿蒂的大船这个思想实验，不但回答了地心派的非难，而且为人们选择了一个特殊的参照物，人们观察到的相对于这个参照物的所有现象，都无法被借以判断这个参照物本身是静止还是运动的。

运动轨迹因参照物而变

人站在自动扶梯上随扶梯运动时，如果以地面为参照物，人是运动的，如果以扶梯为参照物，人却是静止的。其实，不但判断一个物体是运动还是静止跟所选的参照物有关，而且一个物体运动的轨迹也跟参照物有关。同一个运动，若选取不同的参照物，其运动的轨迹会大相径庭。

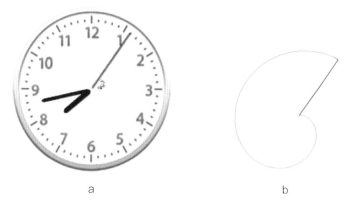

图 1-12　一个挂钟（a），秒针从图示位置每分钟转一圈，同时一只小蚂蚁从邻近转轴处沿秒针向外缓慢地匀速爬动，1 分钟后刚好爬到针尖。若以秒针为参照物，蚂蚁的运动轨迹是沿秒针方向的直线；若以地面为参照物，其运动轨迹则是一条形如图 b 的曲线（数学上称为渐开线）

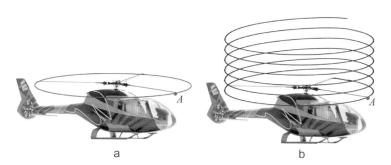

图 1-13　一架直升机竖直向上运动，若以机体为参照物，螺旋桨末端 A 点的运动轨迹是圆周（a）；若以地面为参照物，螺旋桨末端 A 点的运动轨迹为一条螺旋线（b）

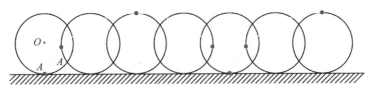

图 1-14 一个圆桶沿水平面向右滚动，若以桶中心 O 为参照物，轮缘上 A 点的运动轨迹是一个圆；若以地面为参照物，A 点的运动轨迹是一条曲线（数学上称为摆线）

链接

傅科从相对运动中找到地球自转的证据

太阳每天东升西落，是地球自转产生的效应。但要依据地球上物体的运动来获得地球自转的证据却并不容易。法国科学家傅科（Foucault）巧妙地用一个后人称之为傅科摆的实验装置——一个巨大的单摆，得到了摆动平面相对于地球偏转的结果，获得了地球自转的有力证据。

为了更好地理解傅科的实验，我们先看一个实验现象：如图 1-15 所示，一个摆在摆动，其摆动平面与框架上的线条 A_1A_2 重合。当将这个框架沿如图方向转过一个角度后，摆动平

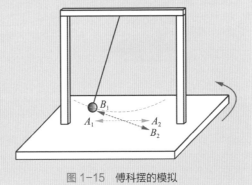

图 1-15 傅科摆的模拟

面相对于框架也转过一个角度，变成与框架上的线条 B_1B_2 重合。所以，摆动平面相对于框架的转动可以反映框架的转动，A_1A_2 与 B_1B_2 之间的夹角反映了框架转动的角度。

图 1-16　19 世纪，物理学家傅科在法国万神殿用他所设计的摆演示地球的自转

傅科根据同样的原理，曾于 1851 年利用这样的摆做了类似的实验（如图 1-16），实验在法国巴黎的一个圆顶大厦内进行，摆长 60 多米，摆锤重 28 千克。实验中人们看到，傅科摆在摆动过程中，摆动平面沿顺时针方向缓缓转动，这是地球在沿逆时针方向转动引起的结果。傅科的实验有力地证明了地球是在自转。

车上的旅客为什么感到大地在旋转

当你乘坐列车（或汽车）通过一片空旷的原野时（如图 1-17），即使车是在笔直的道路上做直线运动，但你所看到的大地好像是在不停地旋转着。乘客为什么会产生这样的感觉呢？

图 1-17　急驶的列车

原来，当你坐在疾驶的列车或汽车上，两眼平视窗外时，若以列车或汽车为参照物，虽然远近不同的物体都以相同的速度向后运动，但是，人对远近不同的物体运动快慢的感觉并不相同。

首先，我们必须弄清楚，人感觉物体运动的根据是什么。如图 1-18 所示，人眼处于 E 处，一物

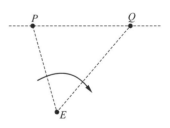

图 1-18　人眼根据视线的偏转而感觉物体的运动。

体从 P 点运动到 Q 点。物体处于 P 点时，人眼看物体的视线为 EP，物体到达 Q 点时，人眼看物体的视线变为 EQ。可见，人之所以会感觉到物体在运动，是因为人眼看物体的视线发生了偏转。而人感觉物体运动的快慢，其根据是人看物体视线偏转的快慢。

如图 1-19，当人随行驶的列车（或汽车）从 A 点向 B 点运动时，地面上近处的物体 M 和远处的物体 N 虽然都以相同的速度相对于人向后运动，但人观察近处物体 M，视线是由 AM 变为 BM，视线偏转的

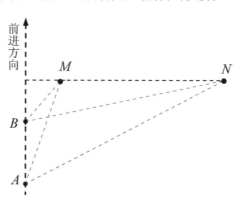

图 1-19 视线偏转大小的对比

角度较大；而人观察远处物体 N，视线是由 AN 变为 BN，视线偏转的角度较小。这样，人就会感觉物体 M 向后运动的速度要大于物体 N 向后运动的速度。如果 N 离人很远，人在 A、B 两处看物体 N 的视线近乎平行，人从 A 运动到 B，视线几乎没有偏转，于是就难以感觉到 N 点的运动。在行驶的火车或汽车中，由于路旁的树木在近处，你会感觉到树木运动的速度很大，而对极远处的景物，你会感觉到它们对你而言保持相对的静止。

如果用箭头的长短表示车上的人感觉到地面远近不同位置相对于车向后运动速度的大小，如图 1-20 所示。这跟图 1-21 中的直棒绕着转动轴 O 做逆时针方向转动相当，所以，人会感觉大地是在做旋转运动。大地越开阔，在行驶的车上观察到大地旋转的效果就越明显。

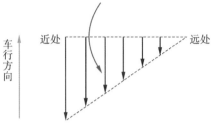

图 1-20　用箭头的长短代表速度的大小。箭头越长，表示速度越大

图 1-21　棒绕轴 O 转动，轴 O 点的速度为零，离轴 O 越远的点，速度越大

链接

为什么月亮总是跟着人移动？

　　很多人儿时都曾对一个现象无比困惑，在皓月当空的夜晚，人在路上行走时，月亮总是跟着人移动。如果两个人朝相反方向走，两人都说月亮跟着自己移动。我们知道，运动是相对的，以行走的人为参照物，月亮相对于人应当是向后移动。月亮为什么会跟着人向前移动？天空中月亮只有一个，为什么会分别跟着两个人朝相反的方向移动？

　　跟人在行驶的车上感觉大地在旋转的道理一样，物体的运动与人感觉物体的运动是有所不同的。如图 1-22 所示，当人沿路面向右行走时眼睛从 A 点移到 B 点，人眼看到的路灯 C 相对于人向后运动的依据是：人眼看路灯 C 的视线发生了转动，仰角由 $\angle 1$ 增大为 $\angle 2$。如果路灯挂到更高的位置 D，眼睛从 A 点运动到 B 点，其视线的仰角则

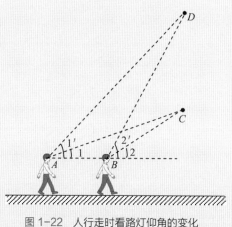

由∠1′增大为∠2′，但角度的变化量却比路灯在位置C时要小些（若B点移到路灯正下方，则极容易判断人眼看C点和看D点的仰角的变化），所以，虽然人行走时，C、

图1-22　人行走时看路灯仰角的变化

D两灯相对于人向后运动的速度相同，但人感觉C灯运动较快，而D灯运动较慢。由于地月平均距离长达384400千米，即使人在地面上行走10千米，人眼看月亮的仰角也仅增大了1.5×10^{-3}度，仰角如此微小的增大，人是根本无法感觉到的。由于人行走时观看月亮视线的仰角的变化太过微小，所以，人感觉月亮始终与自己保持相对静止的状态，即人在地面上行走时月亮也跟着人移动。

第 2 章

常见的力

田径场上正在进行撑杆跳高比赛。运动员注视着跳高架上的横杆，然后摆动两臂大踏步助跑，当跑到踏跳线前时，用脚猛地向下一蹬，像飞燕一样腾空而起，向上飞跃，顺利越过横杆。在撑杆跳高的过程中，人要借助撑杆的弹力、摩擦力，克服自身受到的重力。生活中常见的力有哪些？它们起着怎样的作用？

图 2-1　撑杆跳高

落体运动

　　瀑布倾泻而下、一落千丈的景象常常让我们叹为观止（如图 2-2）。为什么瀑布总是向下倾泻，而不是流向高处呢？这是因为在地球周围的一切物体都受到重力的作用。飞瀑直泻而下、苹果悄然落地、雪花徐徐飘落等，都是在重力作用下的落体运动。

图 2-2　黄果树瀑布

　　人类很早以前就开始关注落体运动，并一直试图寻找落体运动的规律。早在 2000 多年前，古希腊学者亚里士多德（Aristotle）认为：物体下落的快慢跟物体的轻重有关，重的物体下落得快些，轻的物体下落得慢些。这一观点与人们的直觉经验相吻合。例如，苹果落地总要比苹果树叶落地快一些。但科学常常是反直觉的，意大利科学家伽利略利用一个构思巧妙的思想实验，否定了亚里士多德的观点。他的思想实验是：如果重的物体比轻的物体下落得快，那么，将一轻一重的两个物体拴在一起让它们下落，这样，下落较快的物体由于被下落较慢的物体向上拉着而变慢，而下落较慢的物体则会由于被下落较快的物体向下拉着而变快。因此，整体的下落将比原来快的慢，而比原来慢的快。但是，两个物体拴在一起显然比原来重的物体更重，它的下落应当比原来快的更快。由同一前提竟然会推出两个不同的结论！伽利略由这个思想实验得出结论：只有假定物体下落的快慢与物体的重量无关，才能消除这个矛盾。

但在实际生活中，为什么有的物体下落快些，有的物体下落慢些？利用简单的实验，你就可以揭开这个谜底。

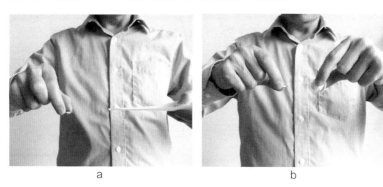

图 2-3　落体运动实验

如图 2-3a，把一张小纸片和一枚硬币从同一高度同时释放，我们将看到硬币先落到地面。把纸片揉成一团重新做一次实验（如图 2-3b），我们将看到两者几乎同时落地。小纸片形状的不同导致物体下落时受到的空气阻力大小不同，可见，空气阻力是造成轻重不同的两个物体下落快慢不同的根本原因。

有人利用真空箱做了落体运动的实验：如图2-4所示，在一个真空箱里，从同一高度同时掉落的一根羽毛和一个苹果，在空中运动的任何时刻所处的高度都相同。这表明，如果没有空气阻力，物体的轻重对下落的快慢没有影响。1960 年 7 月 14 日，美国"阿波罗 15 号"飞船航天员大卫·兰多夫·斯科 特（David Randolph Scott）登月后，做了一次落体运动的实验（如图2-5）：他使一把榔头和一根猎鹰羽毛从同一高度同时下落，结果发现两者同时落到地面。

但是，这个"没有空气阻力"的落体运动有时对我们来说是非常可怕的。如果没有空气阻力，高速下落的冰雹砸在我们

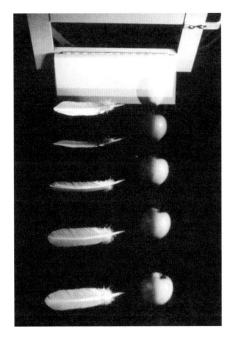

图 2-4　苹果与羽毛在真空中下落

图 2-5　航天员在月球上做落体运动实验

头上可能会使我们丧命；空中落下的小雨滴足以穿透 1 毫米厚的钢板，不难想象淋雨的人将会怎样；从天外飞向地球的流星，将给地球带来巨大的灾难。

链接

太空电梯

由于地球引力的存在，要使宇宙飞船飞入太空需要大功率运载火箭。目前的运载火箭所携带的燃料要占到火箭总重量的 90% 以上，它每运送 1 千克有效载荷上天平均需耗资约 1 万美元。所以，工程师们正在寻找更方便、更经济的进入太空的方法。

一个不可思议的构想是建造一个太空电梯（如图 2-6）。电梯吊索的一端固定在位于地球赤道的平台上，另一端固定在距地面约 3.6 万千米、与地球同步运行的航天器上，这样就可使一个形似电梯的吊箱载着货物和人员沿着吊索升向太空。

建造如此大距离升降的电梯，需要一种高强度的缆索，科学家考虑用新型材料碳纳米管。碳纳米管的密度仅为钢的 1/6，强度是钢的 100 倍。用碳纳米管造出直径 1 毫米的碳纳米绳，可以承载 60 吨重物产生的拉力。特殊设计的称为攀爬车的吊箱可以以 7000 千米 / 时的速度升降，这样，在地面与处于地球静止轨道处的航天器之间通行的单程时间约为 5 小时。

链接

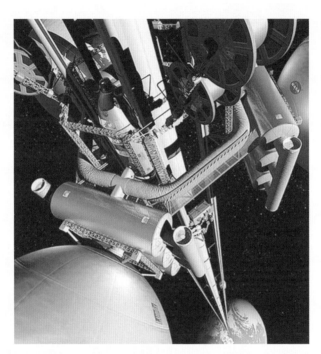

图 2-6　科学家设想的太空电梯

　　太空电梯概念早在上个世纪 70 年代就已经提出，但迄今仍是人们的一种设想，因为实现这一设想面临的困难实在太多太大。但是，科学家相信有朝一日这一设想能够变成现实。

引力对光的作用

当你水平抛出一块石块时，由于受到地球的引力作用，石块将做曲线运动。当你沿水平方向射出一束光后，这束光将沿水平方向传播。这些都是我们十分熟悉的现象，它让我们建立这样的认识：实物会受到引力的作用，但光不会。

但是，爱因斯坦在他的广义相对论中，却提出一个让人难以置信的推论：光也会受到引力的作用，引力会使光线弯曲。我们之所以难以接受这一推论，是因我们身陷经验的牢笼。你容易观察到水平抛出的石块轨迹变弯的现象，却较难看到水平射出的子弹的轨迹变弯，这是因为子弹的速度比石块的速度大得多。光的速度是子弹速度的百万倍，我们平时观察不到光在引力作用下发生弯曲的现象，是因为光速实在太大了，它的弯曲极其微小。

爱因斯坦的伟大之处，不仅在于他提出了超乎我们日常经验的观点，而且他的观点还得到了实验的检验。根据引力使光线弯曲的观点，爱因斯坦曾经作出一个预言，当发生日全食时去观察某个天区的恒星，如果太阳不在这个天区，我们看到某个恒星的方向跟太阳在这个天区时看到该恒星的方向，会发生微小的偏差（如图 2-7 所示）。之所以必须等待日全食的唯一原因是在所有其他时间里，大气受阳光强烈照射，以致看不见位于太阳圆面附近方向上的恒星。1919 年 5 月 29 日，应英国物理学家亚瑟·斯坦利·爱丁顿（Arthur Stanley Eddington）的要求，英国政府派遣的两支观测远征队，分别在巴西北部的索布拉尔和非洲几内亚海湾的普林西比岛上拍摄了日全食时太阳附近的星空照片，然后与太阳不在这个天区时的星空照片进行细致比较，结果都证实了星光经过太阳附近时发生了偏折，与爱因斯坦的预言相符。

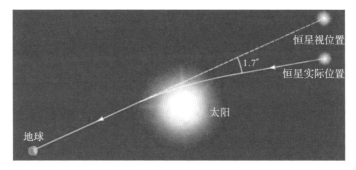

图2-7　太阳引力使星光弯曲（注：未按比例绘制，图中将偏差夸大了许多）

引力使光线弯曲，还使人们看到另一个奇特的现象。如图2-8所示，当来自遥远星体的光穿过某个星系的任何一侧时，星系强大的引力会使光线弯曲。在地球上，观察者可以看到同一个星体的两个影像，分别位于星系的两侧。

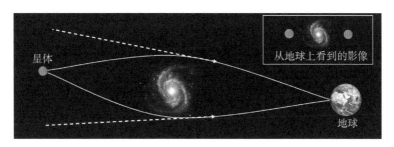

图2-8　星系的引力使人们在地球上看到同一星体的两个影像（注：未按比例绘制）

你是否知道"黑洞"这一概念？人们也将黑洞称为光的坟墓。什么叫作黑洞，为什么将黑洞称为光的坟墓？

黑洞是恒星演化的一种可能的结局，它是宇宙空间内存在的一种密度极大体积极小的天体。当质量至少大于太阳 20 倍的恒星在核聚变反应的燃料耗尽而死亡后，会产生引力坍缩，体积越来越小，密度越来越大，引力也越来越大，结果密度大得连光都无法逃脱，故命名为黑洞。

如图 2-9 所示，设想一个人站在坍缩的星体表面，他拿着一盏发出强光的灯（同时假设他有特异功能，不被黑洞吸引）。在

图 2-9　黑洞——光线的坟墓

坍缩之前，引力场很弱，灯光可以向四面八方发射出去，光大体上都沿着直线传播。当恒星开始坍缩后，质量逐渐集中到越来越小的范围之中，这使它表面的引力变得越来越大，引起光线弯曲。最初，只有那些在水平方向发出的光线才会明显弯曲，这些弯曲的光线并没有离开星体，而是折回到星体表面。坍缩继续进行下去，灯发出的光线将越来越收拢。当质量为10个太阳质量的恒星，坍缩到半径约为30千米时，所有的光都不再能逃离星体表面，这就形成了黑洞。黑洞是光的坟墓，由于光无法从黑洞发出，黑洞表面任何物体都不可能被外界的观察者看到。

形变与弹力

物体会因力的作用发生形变，而发生形变的物体会产生反抗形变的力，这就是弹力。形变有哪些不同的类型？不同形变产生弹力的原因是否相同？

物体的形变最简单的有拉伸形变和压缩形变，如图2-10所示，它们分别是由外加的拉伸和挤压作用引起的。无论是哪种形变，所产生的弹力实质都是分子（或原子，为简便，统称为分子）的相互作用力。我们知道，构成物质的分子之间存在引力和斥力，用如图2-11的模型可说明分子间的作用力（引力和斥力叠加而成）

跟分子间距的关系：当分子间距 $r = r_0$ 时，分子力为零，好比图 2-11a 中的弹簧处于原长状态；当分子间距 $r > r_0$ 时，分子力表现为引力，好比图 2-11b 中的弹簧处于拉伸状态；当分子间距 $r < r_0$ 时，分子力表现为斥力，好比图 2-11c 中的弹簧处于压缩状态。

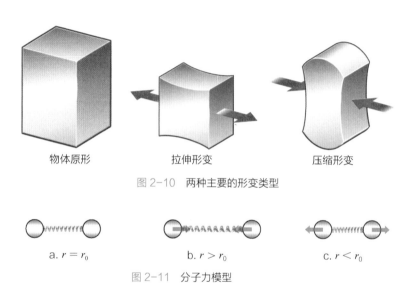

物体原形   拉伸形变   压缩形变

图 2-10   两种主要的形变类型

a. $r = r_0$ b. $r > r_0$ c. $r < r_0$

图 2-11   分子力模型

根据分子力产生的条件，可以分析物体发生形变时弹力是如何产生的。当物体未受到外力作用时，物体内分子的间距为 $r = r_0$（如图 2-12a），分子处于平衡状态；当物体受到拉伸时，分子之间的距离增大，$r > r_0$（如图 2-12b），分子之间表现为相互吸引，从宏观上看，其弹力表现为反抗拉伸；当物体受到压缩时，分子之间的距离缩小，$r < r_0$（如图 2-12c），分子之间表现为相互排斥，从宏观上看，弹力表现为反抗压缩。

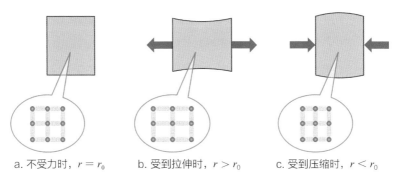

a. 不受力时，$r = r_0$ b. 受到拉伸时，$r > r_0$ c. 受到压缩时，$r < r_0$

图 2-12　物体受力时分子间距的变化

　　物体的弯曲形变中同时存在拉伸形变和压缩形变，如图 2-13 中的桥梁，其中间的梁和两边的悬臂梁在受压时都会弯曲。中间的梁中部受压向下弯曲时，其上方分子间距变小，处于压缩状态；下方分子间距变大，处于拉伸状态。两边的悬臂悬空端受压向下弯曲时，其上方分子间距变大，处于拉伸状态，下方分子间距变

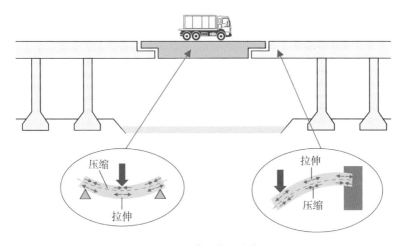

图 2-13　弯曲形变及其模型

小，处于压缩状态。而在两种情形中，梁的中间（见图中点划线）分子间距不变，没有受到拉伸和压缩。

你注意过铁路上铁轨的形状吗？铁轨总是做成"工"字形（如图 2-14），这是因为，当铁轨受到列车的压力发生弯曲时，其上、下两面形变量最大，而中线附近形变量很小，所以铁轨中线附近受到的力并不大。把铁轨做成"工"字形，可以降低制造成本，也可以减轻铁轨的重量。

图 2-14　"工"字形的铁轨

链接

剪切形变和扭转形变

物体的形变除了最简单的拉伸形变和压缩形变以外，还有剪切形变和扭转形变。

链接

如图 2-15 所示，将手按在一本厚厚的书上，并向侧向推，即可看到书的上下错开了。像这种物体的顶部和底部受到相反方向的作用力而产生的形变，称为剪切形变。

图 2-15　剪切形变

如图 2-16 所示，用细绳将一个物体悬挂起来，以悬绳为轴转动物体，细绳将会发生扭转。像这种细绳一端扭

图 2-16　扭转形变

转，或两端沿相反方向扭转所产生的形变，叫作扭转形变。

剪刀剪切物品（如图 2-17），就是剪切形变所产生的破坏作用效果；而弹簧的拉伸和压缩（如图 2-18）对弹簧来说是拉伸形变或压缩形变，但对弹簧金属丝来说，其长度并没有变化，它发生的是扭转形变。

图 2-17　物品被剪发生的是剪切形变

图 2-18　弹簧伸缩实质是扭转形变

混凝土具有抗压不抗拉的特点，而钢筋具有抗拉性。如图2-19为多孔混凝土预制板，其内部一面有钢筋，一面没有。为什么中间留有

图2-19　多孔混凝土预制板

孔？用它铺设楼板时，应将哪一面朝上放？

摩擦力的成因

　　生活中到处都存在摩擦力，人们对其并不陌生，但人们并不满足于对摩擦现象的认识，总想弄清楚摩擦力产生的根本原因是什么。但遗憾的是，对于摩擦力的成因，人们还存在着意见的分歧，尚未形成共识。主要有"凹凸说"和"分子力说"两种观点。

　　物体表面无论经过怎样的加工，都会留下或大或小的凹凸。如图2-20是用特制的显微镜观察已经抛光过的金属表面，图中可

图 2-20　金属表面和经放大后的图景

见，金属的表面并不像肉眼直接看到的那么光滑。早期的科学家通过对比现象的观察，提出了摩擦力成因的凹凸说，认为摩擦力是由两个相互接触的物体表面上的粗糙不平造成的。两个物体接触面受到挤压时，接触面上很多凹凸部分就相互啮合。如果一个物体沿接触面滑动，两个接触面的凸起部分会相互拉扯，从而产生阻碍相对运动的摩擦力。我们使用的榔头大多是木制手柄，开始用时较粗糙，握在手里摩擦力较大，不易滑脱。经过多年使用，榔头手柄越来越光滑，摩擦力就会减小，也就容易滑脱了。在需要减小摩擦力的场合，我们会尽量把物体表面打磨光滑，凹凸程度会变小，摩擦力也就小了。这些都说明凹凸说是有道理的。

后来科学家在一些实验中发现，物体之间并非接触表面越光滑摩擦力越小。当表面十分光洁时，如果进一步增加光洁度，反而会使摩擦力增大。摩擦力不仅与表面的光洁度有关，也跟表面状况及表面性质有关。一般来说，其他条件相同时，相同物质间的摩擦力要大于不同物质间的摩擦力。这些实验现象用凹凸说都是无法解释的。对此，根据分子运动的理论基础，科学家提出了摩擦成因的分子力说，认为摩擦力的本质是分子间的引力。

实际上，如果把两个凹凸不平的固体表面压在一起，它们之间不可能形成面接触，而只能在许多凸起的微峰间形成面积很小的接触点。接触点以外的表面有 1 纳米以上的间隙，因而不可能存在分子间的作用力。作用在表面的负荷应全由表面接触点承受。分子力说认为，摩擦力是物体表面微峰间接触点上的分子力造成的（如图 2-21）。两个表面之间相互接触越紧密，分子力就越强，摩擦力也就越大。可以想象，当两个物体表面光滑到大量分子都能充分接触的程度时，分子间的结合力就会变得很强了。在极端的情况下，两个物体的接触面上所有分子都处于引力范围之内，两个物体就密接成一个物体了。

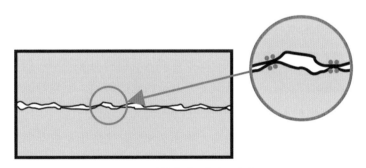

图 2-21　摩擦力成因的分子力说

但是，进入 20 世纪以来，凹凸说并没有因为分子力说的进展而作为误论被废弃。它与对立的分子力说都持之有据，言之有理。实际上，任何物体表面无论打磨得多么光滑，从分子角度看还是粗糙的，都有许多微小的凹凸。物体表面凸起之间既有分子之间的引力，也有凹凸说提到的挤压变形力，就看在不同的场合中哪种力起主要作用。摩擦学是一门十分复杂的学科，迄今发现的与摩擦有关的因素多达上百个，它与物理学、化学、材料科学等学科间有密切关系，关于摩擦的成因，仍然是科学界一个很活跃的研究课题。

汽车车轮的摩擦

汽车车轮与路面之间存在着摩擦。不同的车轮，在不同的情况下，摩擦并不相同。

汽车大多由后轮来驱动，即发动机是带动后轮转动，而使汽车得到驱动力的。正常情况下，由于后轮的转动，后轮与地面接触的部位相对于地面具有向后运动的趋势，地面产生一个向前的静摩擦力，阻碍其向后运动（如图 2-22），这也正是汽车向前运

图 2-22 汽车驱动轮转动时，其上与地面接触的部分相对于地面有向后运动的趋势（如蓝箭头），地面对它会产生向前的摩擦力（如红箭头），这就是汽车的动力

动的动力；如果路面结冰，后轮转动时会在冰面上打滑，地面对后轮的摩擦力则为滑动摩擦力。

　　一个轮子在支承面上滚动时，如果轮子和路面都不发生形变（这当然是一个理想的状态），支承面对轮子的支持力的作用线过转轴的轴心，如图 2-23a 所示，这个力对轮子的转动是不会产生影响的。但是，任何轮子在压力作用下都会发生变形，地面也会因受压发生一定程度的变形，如果是在松软的地面上行驶，地面的变形会更严重，如图 2-23b 所示。这种情况下，当车轮滚动时，支承面对车轮的支持力就不会通过转轴的轴心，而是要向前移一小段距离。这样，支持力对轮的滚动就会产生阻碍作用。这种对滚动的阻碍作用就是所谓的滚动摩擦。所以，对于汽车来说，两个轮子都在地面上滚动，都会受到地面的滚动摩擦。

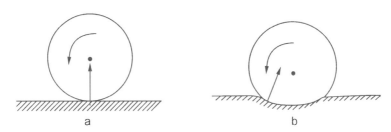

图 2-23　滚动摩擦成因

　　车轮上都印有许多花纹，称为防滑纹。不少人认为这是为了通过增大表面的粗糙程度来增大与地面之间的摩擦力，以防止车轮滚动时打滑。其实，形成摩擦力归因于表面的粗糙其程度是非常小的，橡胶是一种具有弹性的不容易打滑的材料，而车轮上大尺度的花纹并非用来增大粗糙程度。花纹本身并不会增大摩擦力，但是，当汽车在雨天行驶时，如果没有花纹，轮胎与地面之间就会形成一层水膜（如图 2-24a），这会减小轮胎与地面的摩擦力，车轮转动时就容易打滑。轮胎外表有了防滑纹，就能将路面和车胎之间的水排开（如图 2-24b），并改变水的流向。像赛车用的轮胎，就有如图 2-25 所示的两种，一种是表面光滑的，用于晴天的比赛（如图 2-25a）；另一种表面有花纹，用于雨天的比赛（如图 2-25b）。

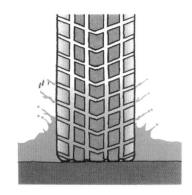

a. 轮胎与地面之间存在一层水膜，轮胎容易打滑

b. 轮胎的防滑纹将水挤压到旁边去了，轮胎与地面直接摩擦，不易打滑

图 2-24　两种轮胎的比较

a. 表面光滑的赛车轮胎

b. 表面有花纹的赛车轮胎

图 2-25　赛车的两种轮胎

汽车的轮胎有宽窄之分（如图2-26），有人认为宽的轮胎可以增大与地面之间的摩擦力，这也是错误的。摩擦力的大小跟接触面积无关，宽的轮胎不可能给同一辆汽车提供更大的摩擦力。宽轮胎的作用是分散汽车的压力，从而减小轮胎产生的压强和磨损。所以，不管一辆卡车是有4个轮胎或是18个轮胎，如果车的总重相同，车轮与地面之间的摩擦力是相同的。更多的轮胎可以将负荷分散到更大的地面面积上，并降低每个轮胎受到的压力。

图2-26　对同一辆汽车，无论轮胎是宽是窄，轮胎与地面的摩擦力几乎相同

空气阻力

物体从空中下落，飞机在空中飞行，汽车在公路上行驶，都会受到空气的阻力。有人常常将空气阻力与空气摩擦力混为一谈，

例如，有人认为降落伞下落时，受到两个力的作用：一是重力，二是空气的摩擦力，这是一个十分严重的错误。

所谓空气阻力，是指空气对运动物体的阻碍力。汽车、飞机、铁路机车等在运行时，头部空气被压缩、两侧表面的空气摩擦，以及尾部后面的空间成为部分真空，这些作用构成了空气阻力。在逆风时，还得把风力附加在内，其影响因素有：空气密度、运动物体与空气的相对速度、接触面积等。

空气阻力分为压力阻力和摩擦阻力。对车辆来说，压力阻力约占空气阻力的91%；空气摩擦力是指空气黏度在车身表面产生的切向力在行驶方向的分力，该力仅占空气阻力的9%左右。空气摩擦力在航空和航天中是重点考虑对象，但对在地面上行驶的汽车等来说可予以忽略。

若以汽车为例（如图2-27），其行驶过程中的压力阻力主要有以下几种类型。

图2-27　空气摩擦力只占汽车受到空气阻力的9%左右

（1）形状阻力：由车身形状不同而产生的空气阻力（主要由作用在汽车头、尾部的压力差所致），约占58%；

（2）干扰阻力：车身中局部突起部分（如反光镜、车门把手等）产生的空气阻力，约占14%；

（3）内循环阻力：发动机进气和排气系统、冷却系统、车身通风系统等所需要和产生的空气流流经车体内部所产生的阻力，约占12%；

（4）诱导阻力：空气升力在水平方向的投影（主要由作用在车身上、下两面的大气压力差所致），约占7%。

与空气阻力类似，液体对在其中运动的物体也会产生阻碍作用，但液体的阻力也并非只是摩擦力。

物体在流体（流动的气体和液体）中运动时受到流体的阻力大小，跟物体的形状有关。如图2-28所示，当方形物体在流体中运动时（图2-28a），它会生成许多不稳定的流体波动；而圆形物体在流体中运动时（图2-28b），所产生的波动就会少一些；当泪滴形的物体在流体中运动时（图2-28c），几乎没有流体波动产生，这种泪滴形被称为流线型。在自然界，许多鱼（如鲨鱼，如图2-29）和鸟类（如燕子）都是流线型体型。

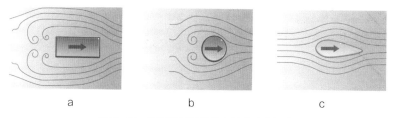

a   b   c

图2-28 不同形状的物体在流体中的运动

为了使流体流动更顺畅，车身、飞机以及轮船的水下部分会设计成流线型（如图2-30），以减小流体的阻力。同样道理，如

图 2-31 中的自行车运动员头戴头盔，身穿贴身的服装，身体弯曲，两臂收在身体的前方，都可以起到减小空气阻力的作用。

图 2-29 柠檬鲨是海洋中游得最快的鱼之一，它能够在水中轻松地移动

图 2-30 风洞中的汽车，用于显示气体流动的烟流表明此车形设计能很好地保持空气流动，减小阻力

图 2-31 自行车运动员尽量减小身体的迎风面积，以减小空气的阻力

轴承的演化

　　机械的转动都需要一个用来固定转轴位置的轴承。随着技术的进步，轴承也发生着一系列演化。

　　滑动轴承　滑动轴承（如图 2-32）的历史悠久，轴在轴承中转动时，与轴承之间会产生滑动摩擦。滑动轴承噪声大，轴和轴承磨损快，还会造成大量能量的损耗。不过，由于滑动轴承承重力较大，因此，仍在一些特殊场合有着重要的应用。

图 2-32　滑动轴承

　　滚动轴承　由于滑动轴承存在着缺陷，19 世纪以来，机器陆续"滚珠轴承化"了。滚动轴承（如图 2-33）利用滚珠、滚棒，用滚动代替滑动，可以大大减小摩擦。目前，大多数机器上使用的轴承都是滚动轴承。

　　空气轴承　20 世纪中叶，技术人员又研制了一种新的滑动轴承，即空气轴承（如图 2-34）。空气轴承又叫气垫轴承，它没有

图 2-33　滚动轴承

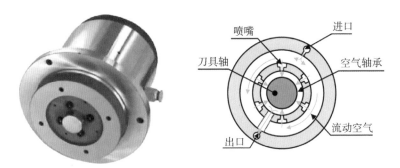

图 2-34　空气轴承及其原理图

滚珠和滚棒，而是把 3 ～ 6 个大气压的高压空气打入轴承的"肚子"里，形成一层气膜（气垫），将轴与轴承隔开，不发生接触，这使转轴在气垫上旋转时受到的阻碍极小。空气不怕热也不怕冷，所以空气轴承可以在 −260 ～ 1500 摄氏度的范围内工作，运转时基本不产生热量，磨损极小，不加润滑油，可以连续工作 20 年。

　　由于在空气气垫上运转，所以空气轴承摩擦力很小，噪声也就小，对环境污染也少。另外，空气轴承不必用特殊合金来制造，甚至用工程塑料也可以。此外，空气轴承较低的振动和较高的旋转精度，意味着钻头、刀具都会有更长的寿命。所以，使用空气轴承可以降低保养和运行成本。

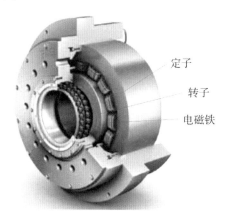

磁浮轴承 磁浮轴承（如图 2-35）是一种新型高性能轴承。它利用轴承上的通电线圈对转轴产生推力，使其悬浮在空间中。与空气轴承一样，磁浮轴承不存在机械接触，转子可以达到很高的运转速度，具有机械磨损小、能耗低、

定子
转子
电磁铁

图 2-35　磁浮轴承

噪声小、寿命长、无须润滑、无油污染等优点，特别适用于高速、真空、超净等特殊环境。磁浮轴承的另一个突出优点是转子运行状态可以由控制系统实时检测，转子系统的控制可达很高的精度。磁浮轴承具有的这些特点，使它在很多应用领域内与传统的滚动轴承、油膜轴承以及空气轴承相比具有明显的优越性。磁浮轴承可广泛用于机械加工、涡轮机械、航空航天、真空技术、转子动力学特性辨识与测试等领域，被公认为是极有前景的新型轴承。

第 3 章

机械传动

　　一台机器是由大量部件构成的，机器开动时，多个部件会同时做不同的运动。但机器的动力通常只是来自某一个部件，它是通过各个部件之间的多种联系方式，由一个部件去带动别的部件运动的。所以，要使机器中各个部件协调运动（如图 3-1 所示），设计工程师必须对不同部件之间的传动方式进行周密的设计。

图 3-1　汽车发动机的一部分

平动、转动和振动

　　自然界中物体各种各样的机械运动有平动、转动和振动三种基本形式。如图 3-2 所示的摩天轮上，轮的运动是转动，轮边沿挂的吊篮的运动则是平动，而轮和吊篮运动时，都伴随着振动。

图 3-2　摩天轮

　　平动即平行运动，物体做平动时，物体上任何两点的连线在运动过程中始终保持平行，各个点的运动情况，包括某一时刻的运动方向和速度大小完全相同。例如，图 3-2 的摩天轮在转动过程中，虽然吊篮的运动轨迹是一条曲线，但吊篮始终处于竖直悬挂状态，而吊篮里的地板始终处于水平状态。由此也可以看到，平动与直线运动不同，直线运动是指物体运动的轨迹是一条直线，平动可以是直线运动，也可以是曲线运动。

　　转动是物体在运动过程中，有一条线始终保持静止不动，这条线称为转轴。物体上各个点都绕着转轴做圆周运动。

转动是各种机械最常见的运动形式，如图 3-3 所示。我们如此青睐转动的原因是转动能够在一个很小的空间周而复始地进行。

古人用水车的转动来引水或驱动其他工具

轮船依靠船尾螺旋桨的转动而获得动力

电脑依靠硬盘的转动来读写信息

车床上工件的转动使刀具得以对它切削

图 3-3　各种形式的转动

足球在地面上滚动，滚动是平动和转动的叠加运动，在滚动中，转轴的位置也在移动。如图 3-4 中，一个足球沿水平地面向右滚动了一周，这个运动可以看作是绕轴 O 转动一周，同时足球整体向右平移 $2\pi R$（R 为足球半径）距离。同样，地球绕太阳运转过程中，其公转运动为平动，而自转运动是地球绕地轴的转动，所以是平动和转动两种运动的叠加。

图 3-4　向右滚动的足球

　　汽车在平直的公路上行驶时，除了车轮的滚动和车身的平动以外，其实，汽车的各个部分都在做上下、左右方向的振动。所谓振动是物体在某个位置附近的来回往复的运动，它也是非常普遍存在的机械运动形式。

图 3-5　钟摆的来回摆动可以为摆钟提供准确的走时，摆动是一种常见的振动。悬挂的吊灯在气流扰动下的摆动，荡秋千时人的摆动，都属于振动。伽利略当年观察到教堂吊灯摆动的快慢跟摆动幅度无关

图 3-6　古筝能发声是因为琴弦在振动，人能说话是因为声带在振动，能吹响笛子是因为笛子内部空气在振动，能敲响锣鼓是因为锣鼓面受击打而发生振动。所有声音都是由物体振动而发出的

图 3-7　地震是由地壳内部运动对外释放能量而引起的大地的振动。地球上板块与板块之间相互挤压碰撞，造成板块边缘及板块内部产生错动和破裂，是引起地震的主要原因。在海底或滨海地区发生的强烈地震，能引起巨大的波浪，称为海啸。在大陆地区发生的强烈地震，会引发山体滑坡、崩塌、地裂等次生灾害

图 3-8　刮风、人和车辆的通行，都会使桥梁产生振动。桥梁振动的幅度过大时，就会有坍塌的危险。图中所示的是 1940 年美国华盛顿州的塔科马大桥在八级大风下，因振动幅度不断增大而坍塌

齿轮传动

　　手表上有时针、分针和秒针，秒针转一圈，分针才走一小格；分针走一圈，时针才走一大格。它们是怎样做到行动如此协调的呢？

　　就机械表而言，它的内部装有多个齿轮（如图 3-9），由于不同的齿轮通过边缘上齿相互咬合，所以可由一个齿轮的转动带动另一个齿轮的转动。齿轮传动不仅可以改变转速的大小，还可以改变转动的方向。

图 3-9　机械手表的机芯

如图 3-10 是一个最简单的齿轮传动模型。两个齿轮通过外啮合传动时，转动的方向相反。大齿轮做顺时针方向转动，转动较慢；小齿轮做逆时针方向转动，转动较快。设大、小齿轮齿数分别为 z_1、z_2，转速分别为

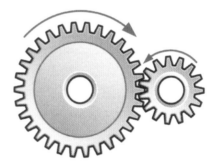

图 3-10　齿轮传动模型

n_1、n_2，则齿轮的转速与齿数成反比，即 $\dfrac{n_1}{n_2}=\dfrac{z_2}{z_1}$。

如果在相互传动的两个齿轮之间设置一个空转的隋轮（如图 3-11），可以使两个齿轮传动时，保持转动方向的一致。

在机械中，齿轮传动有多种不同的类型，不同的齿轮传动具有不同的功能，如图 3-12 所示。

图 3-11　含有隋轮的齿轮传动

a.　内啮合齿轮传动。可以使传
动系统置于一个较小空间中

b.　锥齿轮传动。可以实现轴线相交的
机件的传动，采用曲齿可减小两个齿
轮啮合时的冲击和振动，使传动更平稳

c.　蜗杆齿轮传动。蜗杆旋转一周，
齿轮转动一齿，可将动力放大许多倍

d.　齿轮齿条传动。齿轮与齿条的相互
啮合，可以实现转动和平动的相互转化

图 3-12　多种类型的齿轮传动

实际应用的齿轮传动通常是非常复杂的，如图3-13是汽车差动系统。汽车行驶的主动轮是后轮，它依靠发动机来驱动。当汽车转弯时，曲线路径外侧的车轮要比内侧的车轮转动得快一些。汽车的差动系统能够利用齿轮的传动，使两个车轮获得不同的转速。

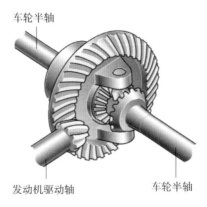

车轮半轴

发动机驱动轴　　　　　　车轮半轴

图 3-13　汽车差动系统的齿轮传动

带传动

转动手摇发电机的摇轮（如图3-14），摇轮通过皮带会带动线圈跟着转动，以使发电机发电。

图 3-14　手摇发电机

　　跟齿轮传动一样，带传动也能够用一个轮的转动带动另一个轮的转动。如果两个轮的半径大小不同，带传动也能够改变转动的快慢。

　　如图 3-15 是带传动的简单模型，带传动时，两个轮转动的方向相同。设大、小轮的半径分别为 r_1、r_2，转速分别为 n_1、n_2，则带轮的转速与半径成反比，即 $\dfrac{n_1}{n_2} = \dfrac{r_2}{r_1}$。

　　如果带以交叉方式传动，如图 3-16 所示，则带传动时，可使两个轮转动的方向相反。

图 3-15　带传动模型　　　　　图 3-16　带的交叉传动

　　带传动技术是中国古代的重要发明。我国具有十分悠久的纺织历史，古代纺车就巧妙地利用了带传动，用绳轮的转动带动锭子的快速转动,从而将松散的纤维捻成细纱(如图 3-17 所示)。带传动技术现今在我们的生活和生产中仍被广泛应用。

图 3-17　我国古代纺车上的带传动

　　按传动原理分,带传动可分为摩擦型和啮合型。摩擦型是靠带与轮缘之间的摩擦而进行的传动,这种带传动容易造成带与轮缘之间的打滑而影响传动效果。啮合型带传动(如图 3-18)由于轮缘的齿与带的内侧的齿相互啮合,避免了带与轮之间的打滑,保证了传动的同步性。

　　有的带传动运作的目的并非

图 3-18　啮合型带传动

是带动另一个轮子的转动,而是用轮子的转动带动皮带上物体的移动。所有皮带传输装置都根据这一原理工作,如图 3-19 所示。

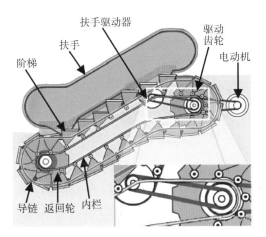

图 3-19　自动扶梯是一个复杂的传动系统，电动机通过皮带使驱动齿轮转动，驱动齿轮通过导链使返回轮转动，驱动齿轮和返回轮的转动带动导链和阶梯移动。驱动齿轮还通过皮带带动扶手驱动器转动，进而带动扶手移动

连杆传动

　　撑雨伞时，套在伞柄上的下巢被手向上推的平动，通过撑杆的传动，使伞骨发生转动，而将伞打开（如图 3-20）。像雨伞一样，通过连杆、铰链，将运动在不同部件中进行传递的方式，称为连杆传动。

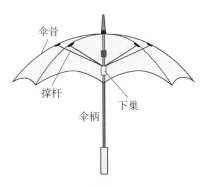

图 3-20　撑伞中的传动

在生活器具和生产机械中，可以看到连杆传动的大量应用（如图 3-21)。

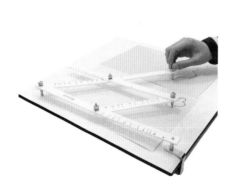 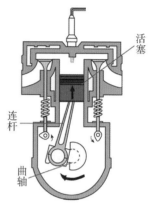

a. 有一种缩放作图尺，可以用固定在尺上某处的笔在图上描绘，通过连杆的传动，使固定在另一处的笔画出形状相同的图来。改变尺中铰链的位置，可以改变所作图的大小

b. 汽油机的活塞与曲轴之间的连杆，可使活塞的平动带动曲轴转动，也可使曲轴的转动带动活塞平动

图 3-21　连杆传动的广泛应用

链接

蒸汽机上的离心调速器

蒸汽机是将蒸汽的内能转换为机械能的往复式动力机械。蒸汽机的出现曾引起了 18 世纪的工业革命，直到 20 世纪初，它仍然是世界上最重要的动力机。虽然现在蒸汽机已逐渐让位于内燃机和汽轮机等，但蒸汽机中的一些技

术设计思想仍是十分有用的。

如何使蒸汽机保持稳定的转速运转，是蒸汽机设计者
必须解决的技术问题。如图 3-22 所示，蒸汽机上有一个
离心调速器，当蒸汽机启动后，通过带传动将转动传到离
心调速器的转轴上，带动连杆机构上的两个钢球绕转轴做
圆周运动。钢球的圆周运动会使它离开转轴更远些（称为
离心运动），由此带动套筒向下运动，进而带动连杆转动，
并带动蒸汽阀，调节阀门的开度，而阀门的开度又调节了
蒸汽的进气量，调节蒸汽机转速。当蒸汽机的转速超过设
定值时，钢球离开转轴过远，由此会通过连杆带动蒸汽阀
门减小开度，降低进气量，使蒸汽机转速降低。当蒸汽机
转速小于设定值时，钢球向转轴靠拢，由此会通过连杆带
动蒸汽阀门增大开度，增加进气量，使蒸汽机转速增大。
离心调速器就是通过一系列的传动，实现自动调节，使蒸
汽机的转速始终保持在一个稳定的范围内的。

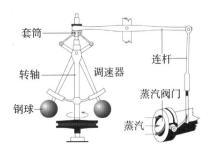

图 3-22 蒸汽机上的离心调速器

液压传动

    汽车行驶时，司机突然发现前面有人横穿马路，立即将车刹住。这一过程中，司机踩刹车踏板的运动是通过液压传动的方式传递到刹车片和制动靴的。如图 3-23 是液压传动的简单模型，它有两个活塞，一个活塞的移动会通过容器内液体的传递，使另一个活塞随之移动。液压传动既可以改变力的大小，也可以改变移动量的大小。假设小活塞的横截面积为 S_1，受到的压力为 F_1，大活塞的横截面积为 S_2，受到的压力为 F_2，则压力的大小与活塞的横截面积成正比，即 $\dfrac{F_1}{F_2}=\dfrac{S_1}{S_2}$。由此可见，大活塞受到的压力大于小活塞受到的压力。传动时，由于大、小活塞"扫过"的体积相等，所以，小活塞移动的距离要大于大活塞移动的距离。

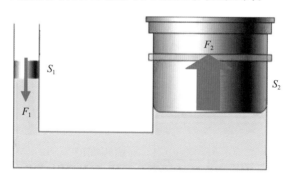

图 3-23　液压传动模型

    汽车刹车系统、液压机、挖掘机等机械都是利用液压传动原理工作的，如图 3-24 所示。

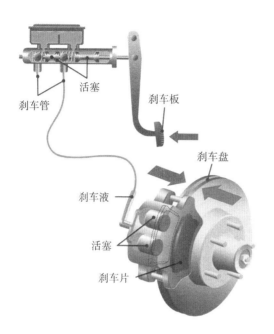

刹车管
活塞
刹车板
刹车盘
刹车液
活塞
刹车片

a．汽车制动系统（盘式制动）。驾驶员踩下刹车板，相当于推动活塞。活塞的运动通过管道里的刹车液的传动，推动车轮上的活塞，再由活塞作用于刹车片，刹车片摩擦刹车盘，使车轮的转速慢下来。由于刹车系统能够将力放大许多倍，驾驶员只要轻轻踩一下刹车板，就能让车停下来

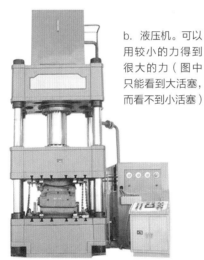

b．液压机。可以用较小的力得到很大的力（图中只能看到大活塞，而看不到小活塞）

c．挖掘机。其上几条银白色的金属杆实质就是液压传动系统中的几个活塞

图 3-24 液压传动的广泛应用

第 4 章

力和运动

　　仰望蓝天，飞机在广袤的天空中自由飞行（如图 4-1）；俯瞰大地，列车在辽阔的原野上高速行驶。树林中，松鼠欢快地上蹿下跳；草原上，奔马纵情地扬蹄驰骋……是什么使宇宙间的万物可以做各种各样的运动？这些运动是否有着共同的规律？

图 4-1　特技飞行表演

人类对力和运动关系的认识历程

关于运动和力的关系，2000 多年前，古希腊著名学者亚里士多德认为，要使物体获得恒定的运动，必须对它作用恒定的力；没有力的作用，物体就要停下来；力越大，运动就越快。亚里士多德的观点能够帮助我们理解许多观察到的运动，例如，马拉车，车才运动（如图 4-2）；马停止拉车，车就静止；两匹马拉车要比一匹马拉车更快。但是，亚里士多德的观点却不能解释自然界里出现的所有运动。例如，当你推一辆小车，使它运动起来。停止用力后，小车并非马上停止运动，而是会前进一段距离才停下来。虽然亚里士多德的观点存在纰漏，但由于亚里士多德享有至高无上的威望，他的关于力和运动的学说长期为人们所信奉。直到 16 世纪，才被意大利物理学家伽利略所推翻。

伽利略认为，物体做匀速直线运动并不需要力来维持。为了说明这一点，伽利略设计了两组无摩擦的理想实验。

图 4-2　亚里士多德认为：恒定的运动需要一个恒定的力

伽利略的第一组理想实验是：物体沿斜面向下运动时，速度变大（如图 4-3a）；物体沿斜面向上运动时，速度变小（如图 4-3b）。由此可以推知：在既没有向上倾斜也没有向下倾斜的平面上，速度应当是不变的（如图 4-3c）。伽利略知道，实际的水平运动因为存在摩擦力，物体的速度不是不变的。但是他看出，摩擦力越小，物体的运动时间就越长，越接近恒定运动。因此他得出，如果没有摩擦力，物体将永远持续地运动下去。

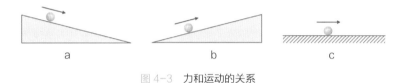

图 4-3　力和运动的关系

伽利略的第二组理想实验是从一个单摆的运动开始的。如图 4-4 所示，在 A 点悬一单摆，拉至 B 点放手，摆球将摆到 C 点。如果用钉子 E 改变运动的路线，摆球将仍然升到与开始等高的 D 点。伽利略将这个实验推到斜面的情形，如图 4-5 所示，在光滑斜面高度为 h 处释放一个小球，

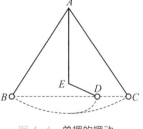

图 4-4　单摆的摆动

它将会滚到对面一个光滑斜面的同样高度上，而不管实际路线有多长。因此，随着第二个斜面倾斜度的减小，球就会滚得更远，其速度的减小也会更慢。伽利略继续推论到：如果第二个斜面是严格的水平面，球就永远达不到它原来的高度，它将以不变的速度沿平面永远运动下去。伽利略由此得出结论：当一个物体在一个水平平面上运动，没有碰到任何阻碍时，假若平面在空间无限

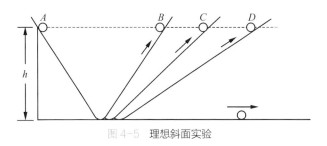

图 4-5 理想斜面实验

延伸，它的运动就将是匀速的，并将一直继续进行下去。

　　法国数学家、科学家和哲学家笛卡儿（Descartes）根据他的哲学思想，对伽利略的观点进行了修正。他认为：一个物体处在运动之中，如果无其他因素作用的话，它将继续以同一速度在同一直线上运动，既不停下，也不偏离原来的方向。

　　牛顿（Newton）在伽利略等人研究的基础上，对力和运动的关系进行了精辟的概括，得出：一切物体在不受外力作用的条件下，总保持匀速直线运动状态或静止状态。这就是牛顿第一运动定律，或称惯性定律。牛顿第一定律为我们揭示了力和运动之间的关系：力是改变物体运动状态的原因，而不是维持运动状态的原因。

　　惯性定律讲的是物体在不受任何外力时的表现，这个结论是从理想实验中得来的，因为我们不可能把所有的外界影响都消除掉。理想实验是想象中的实验，但它是建立在可靠事实基础上的，是思维和事实的结合。对于伽利略所做的工作，爱因斯坦曾经给予极高的评价，他说："伽利略的发现以及他所应用的科学的推理方法是人类思想史上最伟大的成就之一，而且标志着物理学的真正开端。"

汽车安全带和安全气囊

乘坐汽车时，要求司机和乘客都要系上安全带。实际上，除了安全带，许多汽车还装有安全气囊。据统计，在所有致命的车祸中，如果正确使用安全带，可以挽救约45%的人的生命；如果同时装有安全气囊，这一比例将上升到60%。这里有什么科学道理呢？

我们知道，一切物体都有保持原来运动状态的性质。当汽车突然刹车或因某种事故突然停下时，由于身体的惯性，人会继续向前运动，从而离开座位发生危险，如图4-6所示。安全带能够防止人的身体离开座位，从而避免人被抛出车外，或与车内其他物品发生碰撞。

图4-6　由于没有系安全带，驾驶员的头越过气囊，重重地撞在前挡风玻璃上

当汽车与其他物体碰撞而突然停下时，虽然安全带可以防止人的身体离开座位，但驾驶员的身体还是要向前扑去，其胸或头会与汽车方向盘碰撞。如果物体运动状态改变得很快，人的胸或头与汽车方向盘或汽车玻璃碰撞时，就会受到很大的撞击力。而人的胸或头撞击到安全气囊上时（如图4-7），安全气囊可以将撞击力均匀地分布在整个胸部或头部。更重要的是，气囊可以延长人的身体与汽车相互作用的时间，使胸或头的运动状态改变得慢一些。这样就可以减小撞击力，从而大大提高了安全性。

图 4-7　安全带加上气囊，保证了驾驶员的安全

安全气囊是汽车安全的保障设施。驾驶位置的安全气囊存放在方向盘衬垫内，如果某车的方向盘上标有"SRS"或"Airbag"字样，就表明该车装有安全气囊。典型的气囊系统包括两个组成部分：探测碰撞点火装置（或称传感器）、气体发生器的气囊（或称气袋）。当传感器开关启动后，控制线路即开始处于工作状态，并借着探测回路判断是否真有碰撞发生。如果信号是同时来自两

个传感器的话，安全气囊便开始作用。由于汽车的发电机及蓄电池通常都处于车头易受损的部位，因此，安全气囊的控制系统都带有自备的电源以确保作用的发挥。在判定释放安全气囊的条件正确时，控制回路便会将电流送至点火器，借着瞬时快速加热，将内含的氮化钠推进剂点燃，在近乎爆炸的氮化钠分解反应快速发生时，会产生大量无害的以氮气为主的气体，将气囊充气至饱满状态，借助强大的冲击力，气囊能够冲开方向盘上的盖而完全展开，以保护驾驶者胸部或头部不受伤害。

回转惯性

许多人都玩过或见过陀螺（如图 4-8），但很少人能够对一个立着旋转甚至歪斜着旋转的陀螺不倒的现象作出解释。为什么不转的陀螺会倒下来，而旋转的陀螺却不会倒下来呢？

原来，跟做平动的物体具有惯性相类似，转动的物

图 4-8　玩具陀螺

体也具有一种惯性，我们称之为回转惯性。做平动的物体的惯性是物体具有的保持速度大小和运动方向不变的属性，而转动物体的回转惯性则是物体具有保持转速大小和转轴方向不变的属性。正是陀螺的回转惯性使得陀螺得以保持绕着某个确定轴旋转的状态，而不倒下来。

根据陀螺旋转时其旋转轴永远指向一个固定的方向的特性，人们发明出了各种类型的陀螺仪（如图 4-9）。所谓陀螺仪就是一个绕轴高速自转的飞轮或转盘，它的自转轴又能自由地绕一个或两个其他轴发生转动。陀螺仪广泛应用于飞机、潜艇和太空飞行器中，被用来作为方向的参照，还可用来为炸弹的飞行制导。

图 4-9　由于陀螺仪在转动时，其指向不会发生改变，因此它可以用来固定某个方向

回转惯性现象在生活中十分常见，例如，两轮自行车在车轮转动的情况下，车轮的回转惯性可使自行车保持平衡；摩托车做腾空表演时，旋转车轮的回转惯性能使车手在跃起时也能使身体和车保持稳定，而不失去平衡（如图 4-10）。

回转惯性也被人们广泛地利用。例如，线膛炮是在炮管内刻有螺旋状的膛线（如图 4-11），炮弹发射时沿炮膛膛线旋转前进，出炮口后具有一定的转速,可以使其保持稳定飞行。又如,在船上安装沉重的转盘,可限制船体的晃动。

图4-10　摩托车腾空表演

图4-11　线膛炮炮管内的膛线

跳伞运动

跳伞是一项观赏性很强、让人惊心动魄的运动。你知道,跳伞运动员在整个过程中受到的力和运动速度会发生怎样的变化吗?

如果没有空气,人从500米的高空下落,

图4-12　跳伞运动

到达地面的速度将接近 100 米 / 秒。这样的速度必然会使人丧命。但空气阻力不会使人的下落速度一直增大，更重要的是，降落伞会使空气阻力大大增加，从而保证跳伞运动员以安全的速度着地。图 4-13 反映了跳伞运动员下落过程受力和速度的变化。

跳伞运动的极限速度跟跳伞员的体重有关。一个体重为 700

开始，跳伞员在竖直方向可认为只受到重力（设为 700 牛，这个力使他向下加速运动）

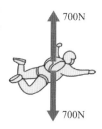

随着下落速度的增大，空气阻力逐渐增大。当空气阻力等于重力时，跳伞运动员停止加速，以大约 50 米 / 秒的极限速度匀速下落

当打开降落伞，空气阻力大于重力。他的下落速度逐渐减小，空气阻力逐渐减小

当空气阻力再次与重力相等时，他又开始以 5 ~ 7 米 / 秒的极限速度匀速下落

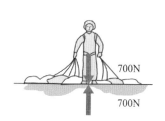

刚着地时，地面向上的力大于重力，使他快速减速。当站在地面上时，地面支持力等于重力

图 4-13 跳伞过程的受力和速度的变化

牛的男士和一个体重为 500 牛的女士，用相同的降落伞从同一高度跳下，两个降落伞相比，下落速度较小的，受到的阻力较小。女士因体重较小，她将以较小的极限速度下落，即以较小的阻力与重力保持平衡，而男士因体重较大，需要以较大的极限速度下落，即以较大的阻力与重力保持平衡。所以，体重越大的跳伞运动员，极限速度越大。

反冲运动和航天器发动机

如果你把一条塑料水管放在地上，将其一端接在水龙头上，当打开水龙头，水从水管射出时，如果出水速度很大，水管出水端会向后退甚至在地面上游动。这是因为水管射出水流时，水管对水流有一个向外的力。根据力的相互作用原理，水流也会对水管产生一个反方向的力，从而使水管出水端向后退。像这种系统由于部分物质向外释放而受到的反方向作用力叫作反冲力，而由反冲力引起的反方向的运动叫作反冲运动。消防队员利用高压水枪向火场喷射水时，常常是几个人同时使劲握住水枪（如图4-14），就是为了防止高压水流射出时，水管由于反冲运动而导致水枪乱晃。

图 4-14　消防队员必须使劲握住水管，以免失去控制，导致水枪乱晃

　　反冲运动在实际生活生产中有着重要的应用。

　　卫星在绕某个天体运动时常常需要在高低轨道之间进行变轨。卫星变轨时要改变速度大小和运动方向，其外力来自哪里呢？原来，卫星中装有若干个发动机，像火箭发动机一样，当启动发动机时，燃气从喷口喷射而出。卫星就是利用喷射燃气获得的反冲力来改变运动状态的（如图 4-15）。

图 4-15　卫星变轨时要启动反冲发动机

在电视中我们看到，当"神舟飞船"返回地球时，为保护返回舱内航天员及仪器的安全，在靠近地面时有两次减速过程。大约在距地 10 千米左右的高空，飞船的速度已降到 330 米 / 秒以下。此时，飞船打开降落伞，在空气阻力作用下速度迅速减小；至距地面约 1.2 米时，飞船上的四台反冲发动机点火，向下喷出高温高压燃气（如图 4-16），得到一个反冲力，飞船速度进一步减小，以 1 ～ 2 米 / 秒的速度着陆。

图 4-16　飞船着地前通过向下喷射燃气获得反冲力

以往的航天器一直由化学燃料执行空间推进职能，为了完成变轨、姿态调整和保持等任务，航天器需要携带大量燃料，这不仅占用空间，还大大增加了自身重量。以一颗 15 年寿命的高轨道卫星为例，卫星约 4.8 吨，其中化学燃料贮箱就达 3 吨，这使航天器无法安装更多的科学设备。美国航空航天局（NASA）有一个叫作"深空 1 号"的太空探测器，它于 1998 年发射升空，执行一颗近地小行星"1992 KD"的探测任务。这个探测器最特别的是它有一个离子发动机。离子发动机也称为太阳能电火箭，如图 4-17 所示，它的运转与传统的火箭发动机有很大的区别。在传统火箭发动机中，来自燃烧室的高热高压燃气从尾部高速喷出，从而产生巨大的反冲推进力；而在离子发动机中，氙原子因电子的轰击而被电离。带有正电荷的氙离子在电场中加速后，以 30 千米 / 秒的速度排出，产生 0.092 牛的反冲推进力，这个反冲力只相

图 4–17　用离子发动机推进的探测器。没有离子发动机，就无法进行深空探测

当于 2 块糖果的重量。这么小的推进力怎么能使探测器的速度发生明显的改变呢？虽然反冲力十分微小，但传统的火箭发动机工作运动时间只有几分钟，而离子发动机的工作寿命可以长达数年，它可以持续几天、几个星期甚至几个月对探测器进行推进，从而使探测器的速度发生很大的改变：连续不断的推动使"深空 1 号"的速度每天提高 25 ～ 32 千米 / 时，连续 300 天就可将速度提高至 9700 千米 / 时。

　　我国航天科技人员也已成功研制出离子发动机，并搭载在 2012 年发射的"实践九号"上。在长达一年的空间飞行试验验证中，表现出了优异的性能，为我国的航天技术开启了一扇新的大门。

思考

　　我们常可看到公园里的自动喷水器喷头一边喷水，一边旋转（如图4-18）。喷水器没有其他动力装置，喷头为什么会自动旋转？

图4-18　自动喷水器

山脉的沉浮

　　漂浮在海面上的冰山（如图4-19），露出水面的体积约为整个冰山的10%，这是由于冰的密度为水的密度的0.9倍，它有90%浸在水中。同样，我们看到的一座山，也只是它露出地面的"冰山一角"，它在地面以下有一个巨大的山根伸入半液体状的地幔（如图4-20）。大陆地壳的密度约为2.8×10^3千克/米^3，

图4-19　冰山约有90%处于水下

而上地幔的密度约为 3.3×10^3 千克/米^3，即大陆地壳的密度约为上地幔密度的 0.85 倍。因为山脉其实是漂浮在地幔之上的，并且一座山大约有 85% 的体积是延伸到地球表面之下的，所以，跟冰山一样，山的实际高度与我们所看到的高度相比，

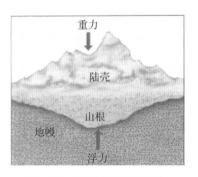

图4-20　漂浮在地幔上的山脉

要高得多。被称为"世界屋脊"的珠穆朗玛峰是喜马拉雅山的最高峰，海拔高度将近 9 千米，而位于喜马拉雅山下的根部厚度竟然接近 80 千米！

　　当一艘货轮上的货物被卸下后，船体会向上浮起一些。同理，当组成山脉的地壳物质减小时，也会发生类似的上浮现象。许多几百万、几千万甚至几亿年前因地壳板块碰撞挤压而成的山脉，经过长时间冲刷侵蚀，应该早就被夷为平地了，为什么这些山脉现在依然存在？这是因为，当山脉受到冲刷侵蚀时，山脉的重量会减轻，其根部会因地幔提供的浮力相应地上升（如图4-21）。当山被冲刷侵蚀掉1000米时，会有大约850米的山从底下推挤出来。山脉露出部分的侵蚀与

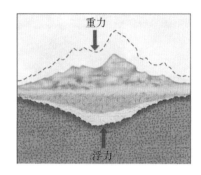

图4-21　山体风化时，根部会相应上升

深藏地幔之中的山根的减小之间会保持一种平衡，一座山脉要被完全侵蚀，不但要将它露出地表的部分侵蚀掉，还要将支撑它的根部也侵蚀掉，这就是山脉的风化需要那么长时间的原因。

设计奇观：福尔柯克轮

在苏格兰有两条运河，一条是建于1773年的福斯和克莱德运河，一条是建于1822年的联盟运河，两条运河都到达福尔柯克镇。由于地理位置的原因，两条运河之间有35米的高度差。作为千禧年计划之一，英国政府耗资1750万英镑修建了福尔柯克轮（如图4-22），利用福尔柯克轮将过往船只在两条运河之间进行升降，从而使两条运河水路交通得到贯通，使苏格兰中部连接大西

图 4-22　福尔柯克轮

洋和北海的水道得以畅通。福尔柯克轮是世界上第一个，也是到目前为止唯一一个旋转升船机，2003 年被美国著名的旅游杂志《旅游者》评为最新现代建筑的"世界七大奇观"之一。

你一定会想，要将过往的轮船进行升降，那该需要多大的动力啊！这个设计的奇妙之处就在于它所需要的动力出奇的小，原因之一就是用到了我们非常熟悉的浮力知识。

如图 4-23 所示，将一个盛满水的杯子放在台秤上，台秤将会有一个读数。在杯里放一块木块，让它漂浮在水面上时，台秤的读数将不会改变。这一现象的解释并不困难：因为木块漂浮在水面上时，它受到的浮力等于木块受到的重力。根据阿基米

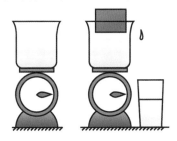

图 4-23　木块排开的水与自身等重

德原理，木块受到的浮力等于木块浸入水中时它所排开的水受到的重力。

福尔柯克轮其实就是一个大转轮（如图4-24），它的两边各有一个对称的可封闭的水槽。当船要从高水位的运河开到低水位的运河时，它就从高架水道开入水槽内，然后把水槽封闭，接着大转轮在动力驱动和齿轮传动下旋转半圈，船运到最低处后，即可开出水槽，进入低水位运河。同样的方法也可使船从低水位的运河开进高水位的运河。福尔柯克轮能在15分钟内一次性将4艘船（包括水）起吊到35米的高度，与此同时，另一只吊臂能将4艘船放下35米。由于旋转轮体是对称设计，整个装置是对称的，两边的水槽装满水后，无论它们是否携带船只，重量接近相同。所以，轮子总能保持平衡，整个装置运作起来所需要的能量并不大，旋转半周只需消耗1.5千瓦时的电能。

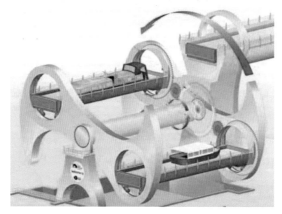

图4-24　福尔柯克轮有两个装满水的水槽，轮子旋转时水槽一个上升一个下降。因为两个水槽保持平动，所以水和船不会倾覆

海中断崖

　　1968 年，以色列"达喀尔号"潜艇从英国启航后，在进入地中海后神秘失踪。直到 1999 年，搜救人员才在 4000 米的海底发现了早已成为残骸的"达喀尔号"（如图 4-25）。虽然此前以军已经提出包括海军击沉说、潜艇质量不良说、间谍破坏说等在内的多种观点，但后来人们更倾向于认为该事故是潜艇不慎进入"海中断崖"所致。

图 4-25　"达喀尔号"潜艇残骸

　　所谓海中断崖也称"掉深"，它是海水密度不均匀而产生的一种现象。在深深的海洋中，不同区域的海水由于温度、盐度的不同会造成密度的不同，这使潜艇在不同区域航行时受到的浮力也不同。海中断崖是指潜艇在航行中遇到的海水区域密度突然减小（如图 4-26），由于浮力减小，造成了潜艇急剧下沉，犹如物体落下悬崖一样。大多数常规潜艇的有效潜深为 300 米，潜艇不受控制地掉到安全潜深以下时，会受到巨大的海水压力，造成事故，因此，海中断崖被列为潜艇最怕遇到、最难处置的危险情形之首。第二次世界大战以来各国海军潜艇出现过数次海中断崖事故。

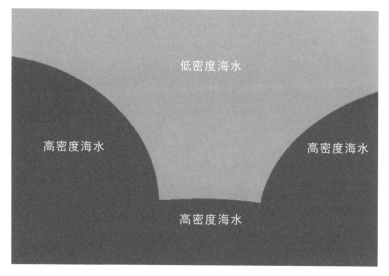

图 4-26　海水密度示意图

轮船上的"吃水线"

如果你到码头就会发现，在大轮船的船体上，通常都画有一条条白线，并且标有不同的符号（如图 4-27），这就是轮船的"吃水线"。轮船的船体为什么要画那么多的吃水线，这些吃水线对轮船的航行起到什么作用呢？

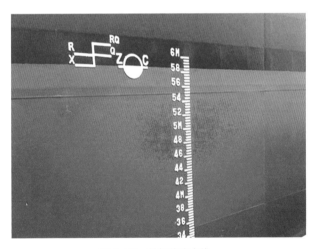

图 4-27　轮船的吃水线

我们知道，轮船浮在水面上时，轮船受到的浮力等于轮船和船上所载货物的总重。根据阿基米德原理，轮船受到的浮力等于轮船排开的水受到的重力。由此可知，当轮船载重量增大时，轮船就会下沉一些，以排开更多的水，使浮力增大到与轮船的总重相等。

　　但是，每一艘轮船的排水量总有一个限度，不能无限制地增加载重量。否则，轮船就会沉没。为了保证轮船的安全，各种轮船上都用吃水线来表示轮船载重量的限度。

　　那么，为什么轮船上要画出那么多条吃水线呢？原来，轮船排开液体的体积不但跟轮船的载重量有关，而且跟液体的密度有关。对同一艘轮船来说，载重量一定时，虽然受到的浮力是确定的。但在不同密度的海水中，轮船排开海水的体积并不相同，轮船的吃水深度并不相同。大轮船要在各种各样的海洋里航行，在不同海洋里，海水含盐的多少不同。印度洋的海水含盐少些，密度就较小；北大西洋含盐多些，密度就较大。在同一海洋的不同季节，海水的密度也不同。夏天，海水温度升高，体积膨胀，密度减小；冬天，密度又会增大。

　　满载货物的大轮船在大海中航行，必须考虑海水密度的不同。比如，一艘在密度比较大的海水里航行的船，装载的货物很多，已经吃水很深，一旦航行到海水密度较小的海域，其吃水深度就会增大，这就容易发生危险。为了保证安全，船体上需要画出在各种情况下的吃水线，这样，轮船在不同地区（及不同季节）装货时，就很容易控制载重量。所以，人们也把轮船的吃水线称为生命线。

　　对于轮船吃水线的标记及其意义，我国和国际上都有专门的规定，如下表所示：

表 4-1 轮船吃水线的标记和表示意义

中国标记	国际标记	表示意义
X	S	夏季载重线
D	W	冬季载重线
BDD	WNA	北大西洋冬季载重线
R	T	热带载重线
Q	F	淡水载重线
RQ	TF	热带淡水载重线

动物对浮沉条件的利用

许多动物都有利用物体浮沉条件的本领。

河马（如图 4-28）是淡水物种中现存最大型的杂食性哺乳类动物。河马的皮肤长时间离水会干裂，所以，河马白天总是泡在水里，到晚上气温降低了，才上岸睡觉和找东西吃。河马进入河里时，是漂浮在水面的。要潜入水下时，河马会通过呼吸排出一部分空气，使身体受到的浮力小于重力。

图 4-28 河马通过呼出空气减小浮力，从而使身体沉入水下

犰狳（如图 4-29）是生活在中美洲和南美洲热带森林、草原、半荒漠及温暖的平地和森林的一种濒危物种。犰狳身体的平均密度大于水的密度，它在水中会下沉。当犰狳要游过大湖时，它会吸入空

图 4-29　犰狳通过吸入空气增大浮力，从而使身体漂浮在水面上

气，保存在胃和肠内，以增大浮力。

鳄鱼是一种非常凶猛的动物。鳄鱼一般都有一副非常尖锐的牙齿，而且它的上下牙齿之间能产生巨大的咬合力，这副牙齿让许多动物望而生畏。但奇怪的是，鳄鱼却有将石头吃进肚子里的习惯（如图 4-30）。这是因为鳄鱼的牙齿虽然很尖锐，却并不具有咀嚼的功能。而且，因为鳄鱼的舌头和下颌连在一起，所以它们在捕食的时候只能

图 4-30　鳄鱼有坚持吃石头的习惯

选择直接吞咽的方式。鳄鱼吞食石头，相当于给胃壁安装上高强度的搅拌机，利用石头来磨碎猎获物的骨头和硬壳，以此来帮助消化。

科学家还发现，石块不但能帮助鳄鱼磨碎食物，还起"镇仓

物"的作用。很类似于潜水员随身携带的铅块。鳄鱼吞食的石块重量约为鳄鱼体重的1%，而这个百分比并不随鳄鱼年龄的增长改变。观察发现，胃中没有石块的幼小鳄鱼，潜水能力大大落后于吞了石块的同伴。这种"镇仓物"使鳄鱼便于潜伏水底和在水底活动，不致被湍急的水流冲走。

第 5 章

平衡与稳度

　　在英国北约克郡布里姆哈姆·摩尔方圆约 300 亩的区域内，耸立着大量形状怪异的平衡岩，其中最著名的当属"偶像岩"（如图 5-1）。偶像岩的质量高达 200 吨左右，令人意想不到的是，如此巨大的石块居然完全由一块很小的金字塔形的石头支撑，自然界中这种惊人的组合和平衡究竟是怎样获得的？

图 5-1　位于英国北约克郡的"偶像岩"

重心与平衡

如果要你用食指将一根均匀的细直杆水平顶起来，食指应当顶在细杆的哪个位置？你也许很快回答：顶在细杆的正中间位置（如图5-2）。如果再问：为什么只有顶在正中间，而不是顶在其他位置上？你也许会回答：因为细杆的重心，即重力的作用点在细杆正中间。

图 5-2　平衡的细杆

其实，你在上述回答中已经对事物进行了一种使问题简化的等效变换。事实上，细杆并非只是中点受到重力的作用，而是其上各个部分都受到重力的作用（如图5-3a）。为了简化问题，我们将细杆各个部分受到的重力集中到中点，而认为其他各处都不受到重力作用（如图5-3b）。这样，原来各处受到的重力就变成只有一处受到重力；细杆原来受到多个力的作用（包括食指的支持力），就简化为只受到两个力的作用。我们可以这样做的原因是细杆各个部位都受到重力，跟把所有的重力集中在细杆的中点效果相当。

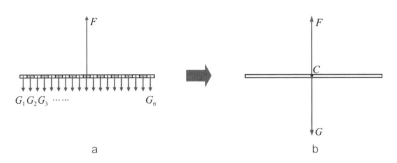

图 5-3 重力的等效变换

思考

设想图 5-1 的"偶像岩"的左边崩塌了一大块,巨石还能平衡吗? 为什么?

物体的平衡与重心的位置密切相关,如图 5-1 中的"偶像岩"之所以能够获得平衡,是"偶像岩"的重心恰好在支撑点的正上方,这样,竖直向上的支撑力与竖直向下的重力就满足了二力平衡的条件:大小相等、方向相反、并作用在同一竖直线上。

成人笔直站立时,其身体重心的位置大致在骨盆中部,如图 5-4 所示。儿童身体的重心要高些,因为他们的头部占身体的比例较大。当人改变身体姿势时,其重心位置也会改变。如果你高举双手,你的重心会升高

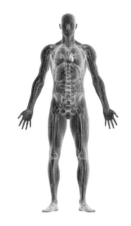

图 5-4 人体的重心

6 ～ 10 厘米。芭蕾舞演员在跳跃时，可通过改变其重心而呈现出飘在空中的感觉。如图 5-5 所示，舞者在空中时，通过提升她的双臂和双腿，使她的重心移向头部。重心的路径是条曲线，但头部有一条近乎水平的路径。

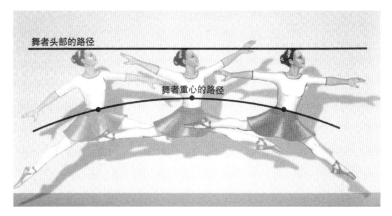

图 5-5 芭蕾舞演员通过改变重心的位置而呈现出飘在空中的感觉

在体育运动中，运动员要保持身体的平衡，必须控制好人体重心的位置。例如，在滑雪时（如图 5-6），人的身体重心不可置后，否则会使身体后倾，导致后坐跌倒的情况发生。

合理地控制重心位置，也是各种运输工具在设计和装载时必须考虑的问题。例如，飞机在空中运行过程中没有任何着力点（如图 5-7），机场的配载员必须科学和合理地安排机上乘客、货物和行李的位置，使飞机的重心处于适当范围之内。这样既有利于飞行员操纵飞机，又使飞机能在飞行过程中保持平衡。如果配载平衡出现问题，比如飞机重心严重偏后，就可能导致飞机起飞困难，或起降时机尾刮擦机场跑道，造成严重的事故。

图 5-6　滑雪运动

图 5-7　配载员必须对飞机上乘客、货物和行李的位置进行合理的配载，从而使重心处于适当位置

三类平衡

你小时候玩过不倒翁吗（如图 5-8）？无论你以怎样的方式将不倒翁扳倒，放手后，不倒翁总能自动回到直立的位置。为什么我们可以很容易地将一个不倒翁直立在桌面上，却很难将一支铅笔笔尖朝下直立在桌面上呢？

你也许会回答：因为不倒翁的平衡位置很容易找到，而铅笔的平衡位置很难找到。其实，不

图 5-8　不倒翁

倒翁与铅笔两者表现的不同，并不在于哪个平衡位置容易找到。事实上，和铅笔一样，不倒翁的平衡位置你也很难找到。即使我们找到了铅笔的平衡位置，铅笔也还是会倒下的。根本原因在于，铅笔和不倒翁所能获得的平衡属于不同类型的平衡，在受到外界如支持面的震动、气流等干扰下会有完全不同的表现。

我们以一个小球在三个支持面上的平衡为例，来比较三类不同的平衡。在图 5-9a、b、c 中，虽然小球受到的支持力与重力大小相等，方向相反，作用在同一直线上，小球都能获得平衡，但在三种情况下小球所获得的平衡并不相同。

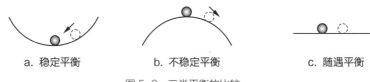

a. 稳定平衡　　　　b. 不稳定平衡　　　　c. 随遇平衡

图 5-9　三类平衡的比较

　　在图 a 中，凹部最低点是小球的平衡位置。当小球受扰动稍偏离平衡位置后，重心会升高，扰动消失后，小球将会回到平衡位置。我们将小球在凹部最低点所处的平衡叫作稳定平衡。

　　在图 b 中，凸部的最高点是小球的平衡位置。当小球受扰动稍偏离平衡位置后，重心会降低，扰动消失后，小球将会远离平衡位置。小球在凸部最高点所处的平衡叫作不稳定平衡。

　　在图 c 中，小球在水平面上某一位置处于平衡。当小球受扰动稍偏平衡位置后，重心高度不变，扰动消失后，小球在新的位置仍能获得平衡。小球所处的这种平衡称为随遇平衡。

　　如图 5-10 所示，不倒翁正立状态为平衡状态，当不倒翁稍偏离平衡位置后，重心 O 的位置将升高，可见，不倒翁所获得的平衡属于稳定平衡。如图 5-11 所示，设铅笔的重心位置在 C 处。当铅笔在平衡位置稍转过一个角度时，铅笔的重心位置将降低，

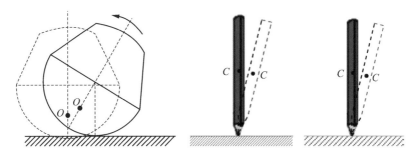

图 5-10　不倒翁的平衡是稳定平衡　　　　图 5-11　铅笔的平衡是不稳定平衡

可见，铅笔所能获得的平衡属于不稳定平衡。

　　物体重心的位置对物体的平衡会产生直接的影响。铅笔尖朝下难以稳定地直立，但如果按图5-12所示的方式在铅笔上插入一把小刀，则铅笔就可以稳定地直立在手指上。这是因为小刀插入铅笔后，铅笔和小刀整体的重心C在支撑点下方，当铅笔稍偏离平衡位置后，整体的重心C位置会升高，如图5-13所示。所以，整体获得的平衡为稳定平衡。

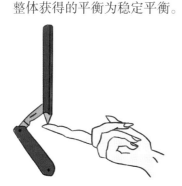

图5-12　铅笔的平衡

图5-13　铅笔平衡类型分析

　　同理，在图5-14所示的杂技表演中，当车和人在钢索上时，车和人系统的重心在支撑点上方，系统所能获得的平衡属于不稳定不平衡。但在车下再挂上物品和人时，整体的重心处于钢丝下方，这样整体即可获得稳定平衡。

图5-14　钢丝上行车

古代汲水瓶

在我国西安半坡文化遗址中，出土了一种新石器时代（距今 6000 年）使用的汲水瓶（如图 5-15），它的特点是底尖、腹大、口小，系绳的耳环设在瓶腹稍靠下的部位。当汲水瓶空着时，由于瓶的重心高于绳的悬点，它就会倾倒。把它放到水里，水就会自动流进去。当瓶中汲入适量

图 5-15　古代汲水瓶

的水（达到瓶容积的 60% ～ 70%）时，瓶的重心降到绳的悬点以下，一提绳，汲水瓶就会直立着被提上来。如果瓶中水太满，瓶的重心又高于绳的悬点，瓶会自动倾倒，将多余的水倒出。这种汲水瓶巧妙地通过重心变换，使得汲水方便、省力，又能控制汲水量，充分体现了中国古代劳动人民的智慧。

有支持面的物体的平衡

如果要你弯下腰捡起地上的物品，你会觉得这是轻而易举之事。但如果要你按如图5-16所示的方式，背贴着墙面，脚后跟靠着墙根，弯下腰把地上的书本捡起来而不摔倒，你却很难做到。这究竟是为什么呢？

为了回答这一问题，我们先来做一项简单的实验。

取一个酒杯，根据对称性，可知其重心位于杯的中轴线上。按如图5-17所示方式，将杯放在一本书上，并慢慢将杯向外移。你将

图5-16 无法完成的任务

图5-17 探究酒杯的平衡

看到，当酒杯的中轴线处于支持面内时（如图5-18a），酒杯能够保持平衡；当酒杯的中轴线处于支持面的边缘时（如图5-18b），酒杯刚要发生翻转；当酒杯的中轴

107

线处于支持面之外时，酒杯会发生翻转（如图 5-18c）。

a.酒杯保持平衡　　　　　b.酒杯刚要翻转　　　　　c.酒杯不可能平衡

图 5-18　酒杯的平衡状况

由上述实验可以得到有支持面的物体的平衡条件：物体受到的重力的作用线必须落在支持面之内。

这里所说支持面不一定就是物体与支承物的接触面，它也可以是物体与支承物若干个接触面或接触点围成的面积，如图 5-19a、b 所示。

a.　图中灰色的三角形就是地面对三脚架的支持面

b.　人双脚站在地面上时，鞋底加上两鞋间的灰色区域就是地面对人的支持面

图 5-19　不同的支持面

　　根据有支持面的物体的平衡条件，可以对弯腰捡物现象作出解释：当人笔直站立时，重力的作用线通过支持面；当人在通常情况下弯腰时，人身体的重心会向前移，为了使重力作用线能够落在支持面之内，人的臀部会向后移，如图5-20。但人的背部紧贴墙面、脚后跟紧贴墙根时，人弯腰时无法使臀部向后移，这样会使身体因重力作用线落在支持面之外而失去平衡。

图5-20　人弯腰的分析

　　在柔道（如图5-21）、摔跤、相扑等比赛中，虽然一方的力量也许敌不过对手，但他（她）可以设法使大个子身体的重力作用线落在双脚构成的支持面之外而将他（她）摔倒。

　　许多杂技演员和体操运动员都要很好地保持平衡。这要求身体（和道具）的重

图5-21　柔道比赛

力作用线必须落在支持面内，如图5-22、图5-23所示。

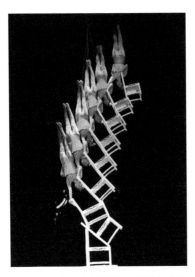

图 5-22　演员和椅子整体的重力作用
线必须落在支持面之内，才能获得平衡

图 5-23　如果重力的作用线落在支持面
外，运动员就容易从平衡木上掉下

链接

比萨斜塔不倒之谜

　　比萨斜塔（如图 5-24）是意大利比萨城大教堂的独立
式钟楼，位于意大利托斯卡纳省比萨城的奇迹广场上。

　　比萨斜塔建于 1173 年，但动工五六年后，便发现塔身
出现倾斜，直到 1372 年完工时还是倾斜的。目前塔顶中心
点偏离塔基中心竖直线 5 米多。

　　传说 1590 年，出生在比萨城的物理学家伽利略，曾在

比萨斜塔上做自由落体实验，将两个轻重不同的球体从相同的高度同时扔下，结果两个铅球几乎同时落地，由此推翻了之前亚里士多德认为的重的物体会先到达地面的观点，证明了落体运动的快慢与质量无关。对于伽利略是否在比萨斜塔做过落体实验，历史上一直存在不同观点。

图 5-24　著名的比萨斜塔

比萨斜塔为什么斜而不倒？其原因之一是，虽然塔身倾斜，但塔的高度为 55 米，重心在塔基上方 22.6 米处。通过作图可知，塔的重心仍落在塔基范围之内，即重力的作用线仍在支持面之内。原因之二是，建造塔身的石砖与石砖间的黏合极为巧妙，使塔身成为一个牢固的整体，有效防止了因塔身倾斜而引起的断裂。

物体的稳度

你也许有过这样的经历，在行驶的汽车上，行李箱竖放时很容易翻倒，而平放时则不会发生翻倒现象。这说明，平衡物体的稳定程度并不相同。物体处于平衡状态的稳定程度称为稳度。那么，物体的稳度究竟跟哪些因素有关呢？

为了探究这一问题，我们可做如下简单的实验：

（1）取三个抽掉内盒的火柴盒套，将其中两个用透明胶布拼接在一起，从而得到两个长度不等的盒套。

（2）在一块木板上的两处，每处用两根剪短了的大头针并排钉入，以露出针的大头少许为宜。将两个盒套的左边紧靠大头针竖放在木板上。

（3）如图5-25a所示，慢慢抬高木板的右端时，你将看到长的盒套先翻转，短的盒套后翻转。

（4）如图5-25b所示，将两个盒套改为侧放，再慢慢抬高木板的右端，你将看到短的盒套先翻转，长的盒套后翻转。

两次实验物体翻转的示意图如图5-26所示。由图5-26a可见，

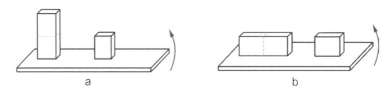

图5-25 探究稳度的相关因素

当物体的支持面一样大时，重心高的物体，转过较小的角度就会翻转；而重心低的物体，要转过较大的角度才会翻转。由图5-26b可见，当物体的重心位置高度一样时，支持面较大的物体，需要转过较大的角度才会翻转；而支持面较小的物体，则转过较小的角度就会翻转。

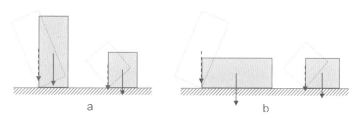

图5-26　两个盒套翻转需要转过的角度比较。当重力的作用线越过原先的支持面时，物体将失去平衡，发生翻转

由上述的实验可知，物体稳度的大小与物体重心的高度有关，也与支持面的大小有关。重心越低，支持面越大，物体稳度越大。

物体稳度与重心高度及支持面大小的关系，对人们日常生活有着积极的指导意义。例如，当你用双脚平直站立时，你是稳定的，但是当你踮起脚尖时，你的支持面变小了（重心也略变高了），你就会变得不那么稳定；站在摇晃的公共汽车上时，为了避免跌倒，人们往往分开双脚站立。这样两脚所围成的面积就增加了，支持面增加了（同时重心也略有降低）。赛车底盘又矮又宽，既可以降低重心，又可以增大支持面积。交通法规定严禁超载，这是因为，超载的汽车不但容易毁坏公路和车辆，而且由于汽车重心的升高导致稳度的降低，极易在转弯和颠簸时发生侧翻。

第6章

液体和气体的压强

　　社区供水需要有一个水塔用来储水和配水，建筑工人建造水塔时，总是把储水的水柜置于高高的位置（如图 6-1）；高铁在隧道里疾驶时，车内旅客的耳朵常常会有闷胀的感觉。要解释这些现象，需要应用液体和气体压强的知识。

图 6-1　给居民区供水的水塔

液体压强的成因

从科学实验和生活经验中我们知道，液体的压强随着深度的增大而增大，在液体内部同一深度，各个方向的压强相等。那么，液体压强究竟是怎样产生的？如何从本质上对液体内部压强的特点作出解释呢？

我们知道，分子之间存在着相互作用的引力和斥力，其叠加而成的分子作用力与分子间距的关系可用分子力曲线（如图6-2）表示。当分子间距 $r = r_0$ 时，分子作用力为零。当液体受压时，体积减小，密度增大，分子之间的距离会减小，分子之间表现为相互排斥。液体的压强就是液体内部大量分子相互排斥的宏观表现。

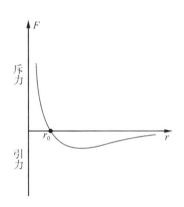

图6-2　分子力曲线，它是分子引力和分子斥力叠加而成的

我们通常认为液体是不可压缩的，其实任何液体都是可以压缩的，只是通常情况下液体的压缩性很小。液体之所以难以压缩，是因为分子力（斥力）随分子间距变化非常快，分子间距微小的变化都会引起分子力的急剧增大。若液体内分子间距减小 $\frac{1}{10}$，液体压强将增大上万个大气压。液体的压缩性很小，使得我们在利

用密度计算质量等物理量时，常常不考虑不同区域密度的差异，但在解释液体压强的成因和不同区域压强差异的原因时，千万不要忘了液体的可压缩性。

液体的另一个特点是它的流动性。液体的流动性使得液体内部某一点附近各个方向的分子平均间距都相等，这使得液体内部同一点各个方向的压强大小相等。

液体压强的成因是液体的可压缩性，但液体不同深度的压强不同，即液体内部不同深度处的分子间距不同，则与液体受到重力密切相关。如果没有重力，液体不同深度处分子间距"没有理由"不同。为了说明这个道理，我们构造了如图6-3的模型：设想在一个没有重力的环境中，有一个刚性容器里装着某种液体，液面有一面积为S的活塞，在活塞上作用一个竖直向下的压力F。取液体内部一个立方体液块考察，其上表面与活塞接触，则此液块上表

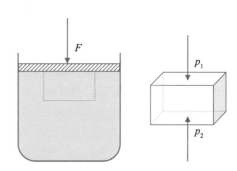

图6-3　液体内部不同位置的压强比较

面受到的压强为$p_1 = \dfrac{F}{S}$。由于液块不受到重力，则上表面受到向下的压力与下表面受到向上的压力（即支持力）相等，所以$p_2 = p_1$。这就是说，如果液体没有受到重力的作用，液体内部的压强处处相等。如果液体表面没有受到压强，则液体内部压强处处为零。

当液块受到重力时，则其下表面附近的分子就会更靠近一点，如图6-4所示，以产生更大的斥力来支持这个液块。所以，下表面的压强就要大于上表面的压强。液块的高度越大（即液体的深度越大），下表面分子提供的斥力越大，即下表面受到的压强越大。

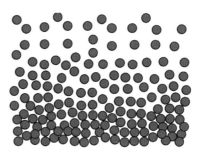

图6-4 液体越深处分子间距越小，以产生更大的斥力，抗衡上方液体受到的重力

生活中的连通器

茶壶是普通的生活用具，你是否注意到，茶壶的壶嘴总是与壶口高度差不多（如图6-5），你知道这是为什么吗？是出于美观的考虑，还是另有奥妙？

图6-5 茶壶

茶壶出水的部分叫作壶流，我们可以把壶身和壶流看作底部

相通的两个容器。科学上将上部开口、下部连通的容器叫作连通器，如图 6-6 所示为连通器最简单的模型。茶壶的壶嘴和壶口之所以做成等高，是因为当连通器里装同一种液体，并处于静止时，各容器中的液面保持等高。

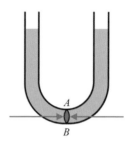

图 6-6　连通器模型

关于连通器的这一结论可以用液体压强知识加以证明：如图 6-6 所示，设想连通器底部有一个小液片 AB，要使 AB 不动，AB 左右两侧受到液体的压强必须大小相等。因为液体内部的压强与深度有关，所以，只有两边液柱的高度相等，液片 AB 两侧受到的压强才能相等。

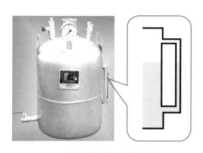

图 6-7　锅炉水位计能够清楚地反映锅炉中水位的高低

生活中我们可以看到各式各样的连通器如图 6-7、6-8、6-9。

河流大坝上的船闸是一个大型的连通器。要在河流上建造水电站，首先需要在河流上建造大坝截流，使坝内形成一个大型的库区，坝内外的水面形成几十米甚至上百米的水位差。例如，我国三峡大坝上、下游水位最大高度差可达 113 米。这么大的高度差，河流上航行的船如何通过大坝呢？工程技术人员利用船闸很好地解决了这一问题（如图 6-10）。

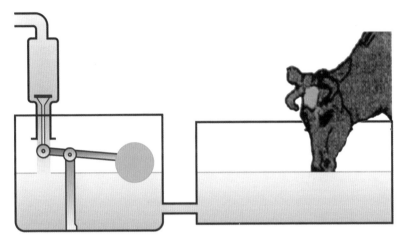

图 6-8　牲畜自动喂水器。饮水器和水箱内的水面保持等高。当饮水器中的水位降低时，浮子下降，供水管内的塞子打开，水放出；当水箱内的水面升高到一定高度时，浮子上升，塞子关闭

图 6-9　洗手池下方的排水管有一段是 U 形管（称为"水封"）。U 形管两边的上端都与大气相通，其中所储的水能将室内空气与下水道中的污浊气体隔开，以保证下水道中的污浊气体不会进入室内

图 6-10　三峡水电站的五级船闸

　　如图 6-11 是船闸的示意图。最简单的船闸是由闸室、上游闸门、下游闸门，以及闸门下方的阀门构成的。我们来看船是怎样从下游驶入上游的。

　　当下游的船到闸门 C 时，闸门 D 和阀门 B 关闭，打开阀门 A，此时，下游与闸室就构成了一个连通器，闸室中的水向下游流出，水位下降（图 6-11a）。

　　当闸室里的水位与下游水位相平时，打开闸门 C，船驶入闸室（图 6-11b）。

　　船进入闸室后，闸门 C 和阀门 A 关闭，打开阀门 B，此时，闸室与上游构成一个连通器，水从上游流入闸室，闸室水位上升（图 6-11c）。

　　当闸室中的水位与上游水位相平时，打开闸门 D，船驶入上游（图 6-11d）。

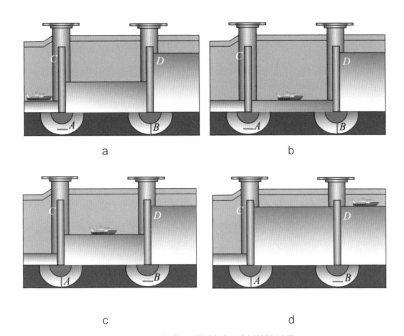

a   b

c   d

图6-11 船从下游过船闸到上游的过程

大坝上下游水位高度差较大时，需要建造多级船闸，船逐级从上游驶入下游，或从下游驶入上游。我国三峡大坝上就建造了五级船闸，每一级船闸上下游的水位差为20多米。

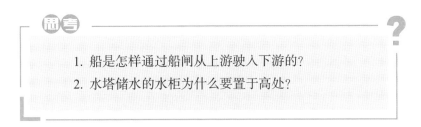

思考

1. 船是怎样通过船闸从上游驶入下游的？
2. 水塔储水的水柜为什么要置于高处？

深水炸弹

当水上的舰艇或空中的反潜飞机侦测到水下潜艇的位置时，为了能够将潜艇击毁，军事科学家研制了一种专门用于攻击潜艇的深水炸弹。

深水炸弹从原理上来说很像一枚压发地雷，弹体内装满炸药，在弹体侧面有一个水压引爆器，这种引爆器由击针、弹簧、雷管、橡皮膜等组成。平时，由于弹簧的张力，击针和雷管是分开的，保证炸弹处于安全状态。当对潜艇实施攻击时，投弹手根据潜艇所处的水下深度，对弹簧进行预调。炸弹入水后，依靠自重逐渐下沉，由于海水压强的增大，引爆器受到海水的压力也随之加大，这就不断地压缩弹簧。当炸弹下沉到预定深度时，海水对弹体的压力大于引信上弹簧的张力，弹簧完全被压缩，击针击穿雷管，引起炸弹爆炸（如图6-12）。爆炸所产生的几十万牛的压力和几

图6-12 深水炸弹爆炸时的情景

千摄氏度的高温气体猛烈地向周围膨胀，在水中形成强大的压力波，处于离爆炸中心十几米范围内的潜艇自然是在劫难逃了。

早在 1915 年，英国就研制出了世界上最早的深水炸弹。在第二次世界大战中，深水炸弹击沉潜艇的数量占潜艇损失总数的 45%，可见其当时在反潜作战中的突出作用。现在，不少国家仍在各种水面战斗舰艇和反潜飞机上装备深水炸弹，并接连研究发展了多种性能的舰用火箭式深水炸弹（如图 6-13）。火箭式深水炸弹能够在空中飞行并在水下运动中保持稳定性，沿预先设计好的弹道运行，准确命中目标。

图 6-13　舰艇发射火箭式深水炸弹

链接

水切割

水切割（如图 6-14），又称水刀，它是利用高压高速的水射流对材料进行切割的技术。水切割能在电脑控制下任意雕琢工件，而且受材料质地影响小。因为其成本低、易操作、良品率高，正成为工业切割技术方面的主流切割方式。

图 6-14 用水刀切割不锈钢板

按水射流所能产生的压强大小，水切割有低压型、高压型和超高压型等不同类型，压强小于 100 兆帕为低压型；压强大于 100 兆帕而小于 200 兆帕为高压型；压强大于 200 兆帕为超高压型。水射流的速度大的可达声速的几倍。

大气压的发现

你认识真空吗？人们先前对真空的理解就是一无所有的空间。有趣的是，人类对大气压的认识居然与对真空的认识存在着内在的关联。

对于真空，在 17 世纪以前，人们普遍认为自然界不存在真空，即所谓"自然界厌恶真空"或"自然界惧怕真空"。例如图 6-15 中，当抽水机的活塞向上拉时，抽水机能把水抽上来。他们的解释是：活塞上升后，水要立即填满活塞原来占据的空间，以阻止真空的形成。

在 17 世纪中叶，意大利物理学家伽利略了解到一个奇特的事实：一台抽水机至多能把水抽到

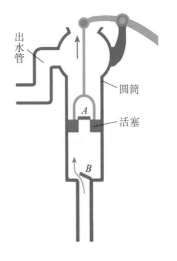

图 6-15　活塞式抽水机

10 米高，无论怎样改进抽水机，也不能把水抽得更高了。他联想到"自然界惧怕真空"这个观点，于是对这个观点加以补充，认为自然界害怕真空是有限度的，这个限度可以用水柱的高度测量出来。不久他就去世了。对这个问题的研究由他的学生——意大利物理学家、数学家托里拆利（Torricelli）继续进行。

托里拆利预想，水银的密度大约是水的 14 倍，如果用水银代
替水，水银升起的高度应该是水升起高度的 $\frac{1}{14}$。托里拆利设计了
用水银柱检验这个预想的方案。1643 年，他和学生做了这个实验
（如图 6-16），结果证明了他的预
想是正确的。在托里拆利实验中，
玻璃管内水银面的上方就是真空。
托里拆利的实验证明了自然界是可
以存在真空的，从而推翻了"自然
界厌恶真空"等观点。对这些现象，
托里拆利作出的解释是：大气存在
着压强，抽水机能够将水抽上去，
是大气压作用的结果；抽水机只能
将水抽到一定高度，是由大气压的

图 6-16　托里拆利的实验

数值决定的。同样，玻璃管内的水银柱是被大气压支持着的，大
气压支持水银柱的高度也是有限的。托里拆利实验不但揭示了大
气压的存在，而且还测出了大气压的值。

托里拆利实验的消息传到法国，引起了科学家们的广泛兴趣。
法国物理学家帕斯卡（Pascal）（如图 6-17）推论说，如果水银柱
是被大气压支持着的，
那么在海拔较高的地
方，水银柱应该较短。
因为帕斯卡健康状况
一直不佳，无法登山，
便请他的内弟带着水

图 6-17　500 法郎上的帕斯卡

银气压计，登上法国中部的多姆山山顶。结果发现，在高度为 1460 米的山顶，大气支持的水银柱高度比山脚低了约 7 厘米。

帕斯卡还让他的内弟将一个没有充足气的气球带到山顶。正如帕斯卡所预料的，随着高度的增加，气球越来越鼓（如图 6-18），表明外部的气压减小了。

图 6-18　在海平面附近没有充足气的气球，在山顶鼓起来

对于大气压的研究，我们不能不提德国科学家格里克（Guericke），他曾任德国马德堡市市长。格里克对科学无比热爱，他对大气压做过许多富有意义的研究，其中给人们留下最深刻印象的是"马德堡半球实验"（如图 6-19）。由于当时通信不畅，且他研究大气压强是独立进行的，以至于待他证明了大气压强的存在以后，才知道托里拆利在 11 年以前已经用实验完成了这一发现。

图 6-19　纪念马德堡半球实验的邮票

气体压强的成因

如图 6-20 所示，在两个瓶子里装满水，则大瓶瓶底所受水的压强要大于小瓶瓶底所受水的压强。但是，如果这两个瓶子是空的（旋紧瓶盖），两个瓶内空气的压强却一样大。事实上，不但两个瓶内空气的压强大小相等，而且瓶内那么一点空气与瓶外那么多空气产生的压强也是一样的。为什么这么一丁点空气能产生如此大的压强呢？

图 6-20　矿泉水

要回答以上问题，我们需要了解气体压强产生的原因。想象一下你在雨中撑着雨伞时的感受（如图 6-21）。虽然雨滴一滴一滴打在伞面上是不连续的，但由于雨滴很密集，你感受到的是伞面受到一个持续的压力。类似地，构成气体的大量分子的无规则运动（如图 6-22），对处在其中物体表面的撞击，也会对物体表面产生一个

图 6-21　雨滴对伞面的撞击产生持续的压力

持续的压力。所谓气体压强实质就是物体单位面积受到大量气体分子撞击力的大小。气体压强的大小取决于两个因素：一是单位时间内撞击到物体单位面积上的

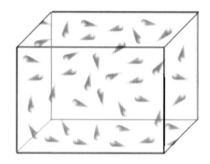

图6-22　气体分子对器壁的撞击产生持续的压力

气体分子数，二是气体分子撞击物体表面的速度。无论是大瓶空气还是小瓶空气，或是瓶外的空气，因为单位体积内的分子数相同，单位时间内撞击物体单位面积的分子数相同，空气分子撞击物体表面的平均速度大小相同，所以瓶内外气体压强相同。

我们知道山顶的大气压比山脚小，原因之一是山顶的空气比较稀薄（如图6-23），相同时间内撞击单位面积器壁的粒子数较少；原因之二是山顶气温较低，空气分子运动的平均速率较小。

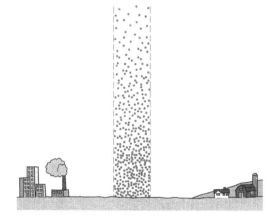

图6-23　空气分子密度与高度的关系

> 一定质量的气体，在温度保持不变的条件下，体积压缩后压强会变大。你能用气体压强的成因加以解释吗？

虹吸现象的奥秘

鱼缸经常要换水。为了使鱼缸换水时不用将鱼取出和放进，人们常取一根塑料管，先将塑料管中充满水，再将塑料管一端放入鱼缸水中，另一端伸出缸外，只要出水口的位置低于鱼缸的水面，水就会通过塑料管流出（如图 6-24）。水为什么能够自动从弯管的一端进入并爬上高处，再从另一端流出呢？

图 6-24 所示的现象称为虹吸现象。利用液体压强和大气压知识，可以对虹吸现象作出解释。

图 6-24 给鱼缸换水

　　如图 6-25 所示，管子里充满了水，管子的左端插在水里，右端露在空气中。先假设管子里的水静止不动，并在管子内最高点取一个小液片 AB 进行考察，液片左右两侧受到的压强分别为 p_1、p_2。因为所取的考察点都高于液面，所以压强 p_1 应当等于大气压 p_0 减去 h 高水柱产生的压强 p_h，即 $p_1 = p_0 - p_h$，而压强 p_2 应当等于大气压减去 H 高水柱产生的压强 p_H，即 $p_2 = p_0 - p_H$。由于 $h<H$，$p_h<p_H$，故 $p_1>p_2$。也就是说，液片左端受到向右的压强 p_1 要大于右端受到向左的压强 p_2。所以，液片的平衡是无法维持的，它将自左向右运动，从而使容器中的水通过管子向外排出。

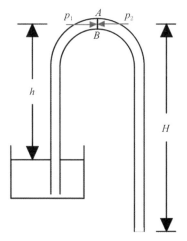

图 6-25　虹吸现象的解释

　　可见，要使图 6-25 中的水能够从右端口流出，必须满足两个条件：一是管内原来已充满了水；二是弯管的出水口必须低于容器的水面。当出水口高于左边容器的水面时，将有 $p_1<p_2$，管内的水将会全部回流至容器中。

抽水马桶的抽水原理

　　抽水马桶是重要的生活用具，当你打开马桶的冲水阀，将水注入桶内，"哗"地一声，桶内的水带着污物自动被抽走。抽水马桶里面究竟有什么秘密呢？

　　如图 6-26 是抽水马桶的结构示意图，其中有一个关键部件是 S 形的吸水管。要排污时，将水箱中的水注入马桶内，当马桶内的水位高于 S 形吸水管的最高点后，便会形成虹吸现象，把桶内的水和污物一同抽走。一直到只剩下少量水时，虹吸现象中止，留下的水形成了水封，起到隔绝作用，使下水道中的污浊气体不会进入室内。

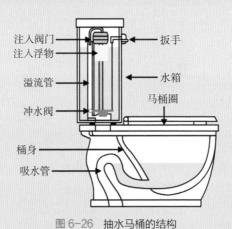

图 6-26　抽水马桶的结构

静脉输液揭秘

在医院的注射室，常看到医生用医用输液装置给患者做静脉输液（如图6-27），这就是我们常说的"打点滴"。输液时，医生除了将输液管一端的针头插入瓶塞之外，还将一个连着小乳胶管的针头也插进瓶塞。这是为什么呢？

为了说明这一做法的道理，先了解一个相关知

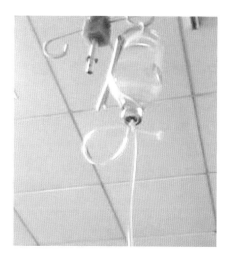

图6-27　静脉输液

识：如图6-28所示，把注射器活塞推至注射器筒的中部，用手指

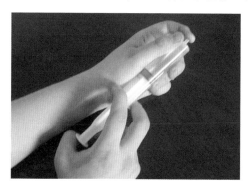

图6-28　研究气体压强与体积的关系

堵住前端小孔。向筒内推活塞使筒内空气的体积缩小，你的手将会感到费劲。撤去推力后，活塞又将回到原来的位置。再向外拉活塞使筒内空气的体积增大，你的手

也会感到费劲。撤去后，活塞也将回到原来的位置。这表明，在温度不变时，一定质量的气体，体积越小，压强越大；体积越大，压强越小。

回到原来的问题，医用静脉输液装置的原理如图 6-29 所示，其中 A 是一个倒挂的贮有药液的输液瓶，在瓶塞上插入一个连有输液管的针头，将输液管下端的针头插入人手臂的静脉血管中。输液管中部的 B 是一个可观察滴液的小瓶，D 是一个控制药液流量的开关。C 是连有针头的小乳胶管，针头插在瓶塞上，作为通气管。

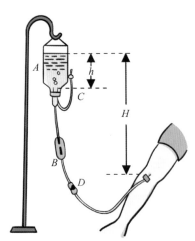

图 6-29　输液原理图

当输液装置正常给患者输液时，设瓶内液面与通气口之间的高度差为 h，瓶内液面离手臂注射点的高度差为 H，瓶内封闭气体的压强为 p。如果瓶塞上不插入另一个针头，那么开始药液在注射口处的压强为 $p' = p + p_H$（p_H 为 H 高的药液所产生的压强）。当瓶内药液流出一部分后，瓶内液面下降，不但 p_H 会减小，而且随着封闭气体体积的增大，其压强 p 也将减小，这将导致输液压强 p' 减小。当输液压强 p' 不足时，药液就无法注入人体，甚至可能出现体内血液回流进输液管的现象。

在瓶塞插入通气管后，当瓶内气压压强减小时，外界大气压就会将空气从通气管 C 压入瓶内（可以看到输液时，针头有气泡升起），使瓶内气压增大，药液又能继续输入静脉内。

在瓶塞上倒插入通气管，不但能使瓶内气体得到补充，而且能够保证药液匀速注入人体。分析如下：

在瓶塞上插入通气管后，瓶内气体的压强 p 就等于外界的大气压 p_0 与 h 高度的药液的压强 p_h 之差，即 $p = p_0 - p_h$，药液在注射口处的压强等于 $p_药 = p_0 - p_h + p_H$，注射压强 $p' = p_药 - p_0 = p_H - p_h$。根据关系式 $p' = p_H - p_h$，要使药液能够进入人体，必须保证注射压强 p' 大于人体血压。如果药液无法进入人体，可以通过增大吊瓶高度 H，增大压强 p_H，以提高注射压强 p'。由上述关系式还可看到，随着输液的进行，瓶内液面会下降，瓶内气体压强也会降低，但由于液面的下降会引起 h 和 H 等量的减小，所以，注射压强 $p' = p_H - p_h$ 将保持不变。这就使得在整个输液过程中药液能够始终保持匀速注入静脉血管。

草原犬鼠的空调系统

在北美草原上生活着一种犬鼠，它生活在地下洞穴中。科学家在考察中发现，草原犬鼠生活的洞穴有两个出口，其中一个是平的，而另一个则有隆起的圆形土堆（如图 6-30）。有人猜测，草原犬鼠把其中的一个洞口堆成土包状，是为了建一处视野开阔的瞭望台。这个猜测正确吗？

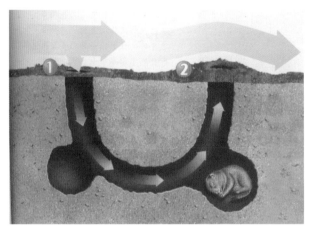

图6-30　犬鼠的空调系统工作原理图，其中：①是流经平坦洞口的空气；②是流经土包的空气

认为洞口的圆形土包是瞭望台的猜测看来是不可接受的，因为如果这一猜测成立的话，那么犬鼠为什么不在两个洞口都建筑土包呢？有两个瞭望台不是更好吗？

现在，科学家已经弄清楚犬鼠在洞口建土包的原因了，原来这就是犬鼠的聪明之处。如图6-30所示，因为在一个洞口建筑土包，当有风平行于地面吹过时，风经过平坦地面的流速比较小，而经过隆起土包的流速则比较大。由于气体压强会随流速的增大而减小，所以，在隆起洞口的气体压强就要小于平坦地面洞口的气体压强。两个洞口气体的压强差将会引起洞内气体的流动，即：风是从平坦的洞口吹入，从隆起的洞口吹出。这样就会给洞穴内的犬鼠带去习习凉风，犬鼠就是这样给自己建立了一个空调系统。看，草原犬鼠有多聪明！

对于流体（气体和液体）的压强与流速的关系，人们通常是较难接受的，因为它似乎有悖常理。高速的流体难道不是处于高压状态吗？当狂风吹到广告牌上时，广告牌都会被刮倒；当喷射高速水流的水枪击中我们身体的时候，我们很容易被击倒；本章前面讲到的"水切割"，也正是利用高速水流产生的巨大压强，才将坚硬物体切开的。要知道，当高速流体射到某个物体表面时，流体确实会对物体表面产生较大压强，但我们不能因此认为高速的流体具有较大压强。流体原来的压强并不大，但是当物体挡住流体后，使流体的流动减慢，压强才得以增大。所以，我们要防止将流体本身的压强与流体受到障碍对障碍物的压强混为一谈。

飞机升力探源

安-225"梦想式"飞机（如图6-31）是目前世界上最大的运输机，该机由苏联安东诺夫设计局研制，其最大总质量（含所载的人和物）可达600吨。这么重的飞机是靠什么力升上天空的？

图 6-31　背负着"暴风雪号"航天飞机的安-225 巨型运输机

　　许多书上都说：固定翼飞机的升力来自机翼上、下表面受到的空气压力差。如图 6-32 所示，由于机翼形状的不对称，下方比较平直，上方弯曲，飞机飞行时，机翼上、下方气流的速度不同，上侧的流速较大，压强较小；下侧的流速较小，压强较大。这样，

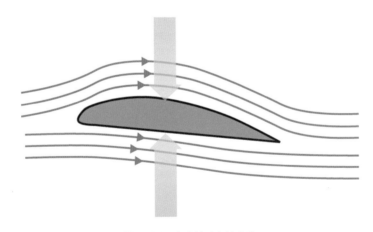

图 6-32　流速差升力的产生

机翼受到向上的压力就会大于向下的压力，从而对飞机产生一个向上的升力。这种由于机翼上下流速差产生的升力，称为流速差升力。

其实，流速差升力并非飞机升力的全部。试想，如果飞机在空中飞行靠的只是流速差升力，那么，为什么有的飞机可以翻转过来，即其腹部朝上，在空中飞行呢（如图6-33）？这时，空气对机翼的压力差方向不是向下吗？

图6-33　飞行表演

实际上，飞机要克服重力在空中飞行，除了流速差升力，还有一个反作用升力。反作用升力的来源是：如图6-34所示，机翼下表面并非处于水平状态，而是上仰倾斜的，这样，当飞机飞行，空气通过机翼下方时，气流从翼前移动至翼后，会受到机翼向下的压力，从而流向发生了改变。根据力的相互作用原理，气流对机翼就会产生一个向上的反作用力，这也是飞机升力的重要来源。

图 6-34　反作用升力的来源

　　国外有科学家通过研究得出，波音 747 客机在海拔约 10000 米的高空以 880 千米 / 时的速度飞行时，所获得的升力中，超过 80%来自反作用升力，而来自流速差升力的仅占不到 20%。

　　再来看飞机是如何实现翻过来飞行的。因为固定翼飞机机翼的形状是不变的，所以，飞机翻转飞行时由流速差引起的压力差的方向是向下的，也就是说，此时飞机倒飞的升力只能来自反作用升力。飞行员在飞行中，通过改变机翼倾斜的角度，使机翼前缘抬高。这样，飞机机身虽然已经翻转，但机翼却处于较大角度的上仰姿态，由此可以得到更大的反作用升力。

　　反作用升力并不稳定，飞机仅仅依靠反作用升力飞行会非常危险。大多数空难都发生在飞机起飞和降落阶段，因为飞机起降阶段，更多依靠的是反作用升力。有些大飞机降落时，乘客还会感觉到机身前后摆动。

动脉塌缩和动脉瘤

血液是运输物质的载体，血管是血液流动的通道。心血管疾病却对人体健康构成严重的威胁，我国每 10 个成年人中就有 2 个患心血管病，每年因心血管疾病而死亡的人数超过 300 万，占总死亡人数的 45% 左右。

动脉塌缩　假设人的动脉内壁上堆积了脂肪或斑块，则动脉管径将会变窄，如图 6-35 所示。这样，动脉颈缩处的血液流速将会变大。根据压强与流速的关系可知，动脉颈缩处的血液压强将会变小。由于动脉是有弹性的，而不像自来水管那样是刚性的，血液压强的减小就会使得动脉壁在颈缩位置轻微收缩。而动脉壁的收缩又会进一步使该处的血液流速增大而压强更低，结果将会使得动脉壁在颈缩处发生塌缩而阻断血液的流动。血管的阻塞会使流动的血液对该处产生撞击而产生较大的压强，从而使得动脉被重新打开，血液重新得以流动。动脉的这种间歇性塌缩会引起心跳的异常。可采用在动脉颈缩处放支架加以扩张的方法治疗，如图 6-36 所示。

图 6-35　动脉内壁阻塞现象　　图 6-36　用支架扩张动脉血管

 动脉瘤 血管瘤的产生与血管变窄情况恰好相反。动脉瘤其实并非在动脉血管中滋生某个肿瘤，而是血管壁向外凸出的现象（如图 6-37）。动脉瘤发生在动脉壁较薄的位置，假设某处的动脉壁较薄，血压就会使该处的动脉壁向外凸起，从而使血管通道变粗，血液在该处的流速减小。根据液体压强与流速的关系，在该处的血液压强就会增大，血液压强的增大则会进一步使动脉瘤扩大。如此恶性循环，动脉瘤最终可能会因为压强的增大而突然爆裂。脑内动脉瘤破裂往往会引起严重的神经功能障碍，甚至危及生命，故而常常被称为颅内的"定时炸弹"。动脉瘤可采用夹闭法或栓塞弹簧圈等方法医治，如图 6-38 所示。

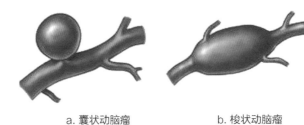

a. 囊状动脑瘤　　　　　　b. 梭状动脑瘤

图 6-37　动脉瘤

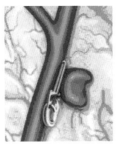
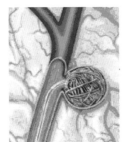

a. 用动脉夹夹住动脉瘤颈，将突出的动脉瘤隔离在动脉血管外

b. 使用微导管，将弹簧圈送到动脉瘤腔内，隔绝血液对动脉瘤壁的冲击，防止动脉瘤破裂

图 6-38　动脉瘤的医治方法

香蕉球

　　足球场上经典的任意球常常成为紧扣观众心弦的精彩瞬间。随着一记劲射，足球在绕过人墙眼看要飞出场外时却又魔幻般地拐过弯来直扑球门（如图 6-39），这就是神秘莫测、防不胜防的"香蕉球"。

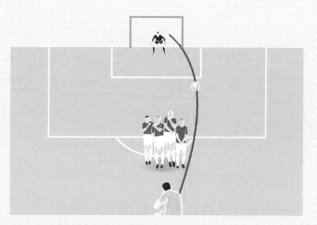

图 6-39　踢任意球时产生的"香蕉球"

　　足球运动员想踢出"香蕉球"，必须使球踢出时带有旋转。用流体压强与流速的关系，可以对"香蕉球"作出解释。如图 6-40a 所示，当足球向前运动没有旋转时，气体相对于足球向后运动。由于足球与空气之间存在着摩擦，贴近足球左右两侧的空气相对于球的流速比外面的空气要小一些，但因两侧空气相对于足球的流速大小相等，此时足球的运动方向不会发生偏转。如图 6-40b 所示，若足球向前运动的同时绕逆时针方向旋转，足球周围的空气会被旋转的足球带动。由于足球旋转被带动的空气，在足球左侧的运动方向与气流方向相同，在足球右侧的运动方向与气流方向相反，这就使得足球左侧气流的速度要大于右侧的气流速度。根据液体压强与流速的关系，可知足球右侧受到的空气压强大于左侧受到的空气压强。两侧的压强差使得旋转的足球在飞行中产生了一个跟飞行方向垂直的力，球也就开始偏离原来的飞行方向，而且总是偏向气流较快的一边。

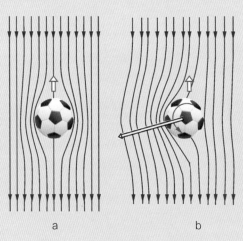

a   b

图 6-40   足球周围空气流速与压强

思考

在有风的日子，湖泊或海洋里会产生波浪（如图 6-41）。风越大，波浪的起伏越大。你能解释这一现象吗？

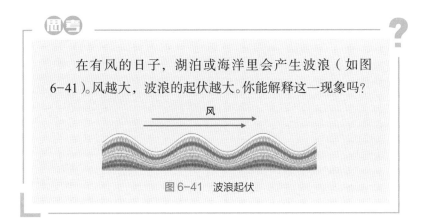

图 6-41　波浪起伏

第7章

传热和保温

当你捧着一杯热水的时候，就会感受到有热从杯子传到手上。这是一个十分常见的生活现象，但其引发的问题并不简单：热的本质是什么？热的传递有哪些方式？各种方式的热传递究竟有什么不同？

图 7-1　手捧热水

热的本质

人们很早就开始思考"热是什么"这一问题，并提出了不同的观点。一个有代表性的观点认为，热是一种没有质量的流质，称为热质。温度较高的物体含有较多的热质，温度较低的物体含有较少的热质。在热传递过程中，热质从温度较高的物体流入温度较低的物体，高温物体因失去热质而温度降低，低温物体因得到热质而温度升高。热质既不能产生，也不能消失，热质在转移的过程中，总量保持恒定不变。"热质说"由于能够较好地解释不少热现象，曾经得到许多人的推崇，一度占据统治地位。

但是，也有不少科学家对"热质说"提出了质疑和挑战，并最终取得了胜利。其中，具有代表性的人物是英国科学家伦福德（Rumford）、戴维（Davy）和焦耳（Joule）。

图 7-2　伦福德在为德国巴伐利亚君主制造加农炮时发现：用马拉动车床钻炮筒时，炮筒和钻头都会变得很热，而且产生的热量会越来越多。将水与正在镗孔的炮筒接触，水会沸腾。用"热质说"很难解释这些现象，因为并没有温度更高的物体存在。伦福德由此提出，热源并不是金属中的东西，而是马对车床做的功

现在我们知道，物质是由大量粒子构成的，构成物质的大量粒子永不停息地做无规则运动（称为热运动）。物体由于内部大量粒子无规则运动所具有的能叫作内能，物体的温度越高，粒子运动越剧烈，物体的内能越多。一杯热水和一杯冷水，从微观上看，所不同的只是水分子无规则运动的剧烈程度不同而已。所谓热传递就是内能在物体之间发生的转移，或者说是构成物质的大量粒子热运动的转移。

图 7-3　戴维在温度保持为水的冰点的真空容器里，利用钟表机件将两块冰块相互摩擦而熔化为水。这里，冰块并没有从外界获得热质，但水的热质却大于冰的热质，系统的热质不守恒。戴维由此断言"热质是不存在的""热现象的直接原因是运动"

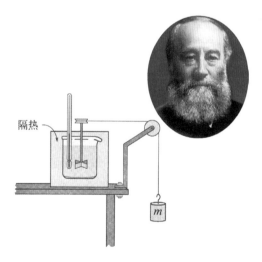

图 7-4　焦耳测量了热量与功的关系，其最有代表性的实验是：装有水的杯子与外界隔热，一个叶轮浸在水中，重物下降时带动叶轮旋转。叶轮旋转对水做功使水的温度升高。所做的功等于重物下降损失的势能。焦耳测得，要使 1 克水温度升高 1 摄氏度，需要做 4.19 焦的功。焦耳的实验证明了做功和热传递的等效性，反映了热量和机械能是可以相互转化的，热的本质是运动

隔热

热传递的方式

　　当你用如图 7-5 的方式煮鸡蛋时，火焰通过传导的方式把热
传递给锅；锅中的水以对流的方式将热自下向上传递；水又以传
导的方式将热传递给鸡蛋；火焰以辐射的方式将热直接向外传递。
热传递有传导、对流和辐射三种方式，如何用能量观点和从微观
视角对这三种方式作出解释呢？

　　传导是热沿着物体进行传递的方式。传导虽然能够在固体、
液体和气体中进行，但它主要是在固体中进行，也是固体传热
的唯一方式。我们可以想象，当固体的一端在火中加热时（如
图 7-6），在固体温度较高的一端，原子会振动得更剧烈。因为

图 7-5　热传递的三种方式

原子紧密地聚集在一起，这些振动剧烈的原子会带动邻近原子，并把振动动能传递出去，这些邻近原子的振动接着也变得更剧烈了，相应地，它们又会

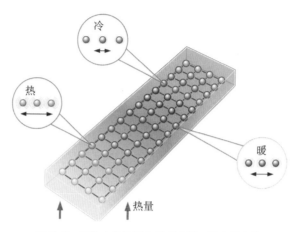

图 7-6　固体中热传递的微观本质。图中短直线表示原子之间存在紧密的联系

带动与其紧挨着的粒子。这样，固体内所有原子的振动都变得比原来更为剧烈。通过这种带动，热就由温度较高的一端传向温度较低的一端，使得整个固体的温度都升高了。

　　传导的英语"conduction"一词来自拉丁语单词"conducere"，这个词由两个拉丁词"con"和"ducere"构成，意思分别是"一起"和"带领"。想象一些粒子带领另一些粒子运动，可以帮助我们理解传导的实质。

　　所有金属都是热的良导体，这是因为，在金属内部，由于原子核对核外电子的束缚力较小，存在着大量可自由移动的电子，如图 7-7 所示。这些自由电子携带着能量可以在

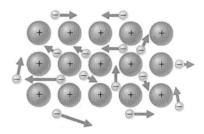

图 7-7　金属内部存在大量自由电子

整个金属中自由运动，并通过撞击，把能量传递给其他自由电子或原子实（即除最外层电子之外的原子）。能量通过自由电子传递比通过固定原子传递要来得快，这就是金属是热的良导体的根本原因。羊毛、木材、稻草、纸、软木、泡沫塑料等物质，由于内部没有自由电子，所以，它们不像金属那样容易导热，叫作热的不良导体。

　　与固体相比，液体的导热性较差，这是因为液体中原子间的作用力较弱。气体的导热性比液体或固体都差，这是因为气体分子之间距离很大，一个分子与另一个分子碰撞前要走过更大的距离。

　　对流是伴随着物质流动来进行传热的方式。当下方的气体或液体受热后，体积膨胀，密度减小，就会上升；而上方温度较低、密度较大的气体或液体就会下降，从而形成对流。因为液体和气体具有流动性，所以对流只能在气体和液体中进行。气体和液体中热传递的主要方式是对流。从粒子运动的观点看，对流的实质是随着液体和气体的宏观流动，其中运动较为剧烈的粒子和运动不那么剧烈的粒子之间的位置发生了改变，如图 7-8 所示。

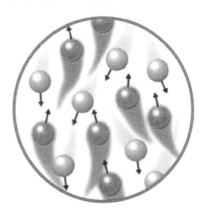

图 7-8　对流的实质

　　辐射是不需要物质为媒介的传热方式，它可以在真空中进行。物体发出辐射实质是发出电磁波（如图 7-9），而电

图 7-9　辐射传热中，空间传播的是电磁波，携带着电磁辐射能

磁波携带的能量叫作电磁辐射能。可见，物体通过辐射传热，其过程伴随着能量的转化：即物体发出辐射时将内能转化为电磁辐射能，物体吸收辐射时将电磁辐射能转化为内能。

链接

对流层中的热传递

　　大气层的最底层是对流层，对流层依靠辐射、传导和对流三种方式的共同作用来加热，如图 7-10 所示。当地面吸收太阳辐射后，陆地的温度就高于气温。于是地表通过辐射和传导的方式把热量传递给近地面的空气。由于空气是热的不良导体，只有离地面几米内的空气能通过传导来得到热量，因此，近地面空气的温度总是要比高处的高。

　　实际上，对流层中热量的主要传递方式是对流。当近地面空气被加热时，因体积膨胀，密度减小，会向上升起，而高处比较稠密的冷空气会向下沉。利用热空气上升和冷空气下沉形成了对流循环，使热量在对流层中传递。

热量通过辐射来传递

热量通过对流来传递

热量通过传导来传递

图 7-10　热传递的三种方式（传导只在近地面发生）

牛顿冷却定律

　　1912年4月14日，被称为"永不沉没"的"泰坦尼克号"豪华邮轮，在处女航中撞上冰山，船体断裂成两截后沉入大西洋（如图7-11）。这次世界航海史上的特大灾难造成1500多人死亡。实际上，这些人大多并非被淹死，而是被冰冷的海水冻死的。因为在低温环境中，人体热量散发过快，体温无法通过自身调节来维持而下降过多。热传递的条件是物体之间存在着温度差，那么物体之间温度差的大小对热传递的快慢有什么影响呢？

图7-11　"泰坦尼克号"邮轮的倾覆

取一杯 90℃ 左右的热水，放在桌面上，用温度计每隔 1 分钟测读一次水的温度。在温度—时间坐标系上做出水的温度与时间的关系图线，如图 7-12 所示。这是一条陡度逐渐减小的曲线，它表明，随着水温的降低，即随着水与外界温差的减小，热传递将越来越慢，水温下降也将越来越慢。

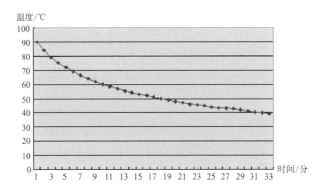

图 7-12　水的温度与时间的关系图像

类似现象在生活中十分常见，热的食品如果放在冰箱里比放在桌子上冷却得要更快些。同样，温暖的房间会向寒冷的户外散发热量，室内外温差越大，热量散发得越快。

精确的实验可以得出，物体的冷却速度（亦即热传递速度），无论是通过传导、对流，还是辐射，近似跟物体与周围环境的温度差成正比。这就是牛顿冷却定律。

牛顿冷却定律同样适用于升温的情况。如果一个物体比其周围环境更冷，其升温速度也正比于温度差。例如，冷冻食品在温暖的房间的升温速度，要比在寒冷的房间快得多。

阅读下表，你能解释存活时间与水温的关系吗？

表7-1　人体浸于不同温度水中的预期存活时间表

水温 （℃）	<0	<2	2~4	4~10	10~15	15~20	>20
浸于水中预期可能存活的时间（小时）	<0.25	<0.75	<1.5	<3	<6	<12	不定

人和一些动物对体温的控制

　　人的正常体温约为37℃，无论是寒冷的冬天，还是炎热的夏天，人体都能够保持恒定的体温。根据体温调节方式，动物可分为温血动物（也称恒温动物）和冷血动物（也称变温动物）。所有活着的爬行动物都是冷血动物，所有活着的哺乳动物都是温血动物。温血动物的体温可以自身调控，不随外界环境的温度而变；冷血动物的体温取决于周围环境的温度。

　　在冬天寒冷的环境下，人体会因与外界温差的增大而散热加快。但人体会自动缩小血管的口径，减小单位时间的血流量，使身体对外的散热量不致加快，以此保持体温恒定。当这种调节还不能满足人体需求时，人会自动通过肌肉收缩发生颤抖，通过运动产生热量。相反，在夏天烈日之下，人体会因与外界温差的减小而难以向外散热。但人体会自动扩大血管的口径，增加单位时间的血流量，使身体对外散热量不致减慢。当环境温度高于人的体温，血液无法向外散热，或这种调节无法满足人体需求时，人会通过大量出汗（如图7-13），让汗液的蒸发带走身体的热量。

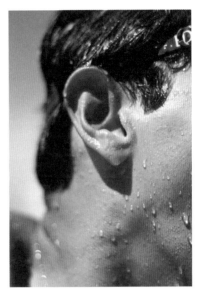

图7-13　人体通过出汗加大散热

　　大耳狐、长尾猴、北极熊和狗都是恒温动物，它们都会利用

图7-14　北非沙漠的大耳狐，在白天，其浅色的毛皮可反射太阳的辐射，硕大的耳朵利于向外界散热；在夜间，夹紧大耳朵可减少体内热量的散失，不透气的毛皮可阻碍体内热量向外的传导

图7-15　分布于非洲、栖息于森林的长尾猴的长尾巴不仅能够帮助其保持平衡，而且也能有效地释放出多余的热量

身体结构和特殊行为来帮助身体散热，或阻碍身体散热，以维持体温。

图7-16 北极熊的生活环境十分寒冷，它们全身披着很厚的毛，甚至耳朵和脚掌亦是如此，仅鼻头、眼睛一点黑。北极熊身上的毛是无色中空的，这种结构能对北极熊起着极好的隔热保温作用

图7-17 狗没有汗腺。在大热天，狗会伸出长长的舌头，利用口水的蒸发帮助身体散热

变温动物不能通过自身调节来维持体温，它们是通过与外界之间的热传递使自己保持适当的体温的。

图7-18 在炎热的夏天，蜥蜴会躲藏在阴凉的岩石底下，通过向外界释放热量来降低自己的体温

图7-19 在寒冷的冬天，蜥蜴则会爬到太阳光下，从阳光中吸收热量来升高自己的体温

对流与天气

　　大气的对流对天气会造成直接影响，许多天气现象都源于大气的对流。

　　海陆风　风是空气流动形成的。沿海地区的海陆风是一种白天从海面吹向陆地，夜晚从陆地吹向海面的风，它是怎样形成的呢？

　　白天，在太阳照射下，陆地温度比海水温度高。近地空气因受热而上升，形成一个低压区，于是海面上方较冷的空气就会吹向内陆填补它的位置，从而形成从海面吹向陆地的海风，如图 7-20 所示。夜晚，因砂石的比热小于水的比热，陆地温度比海水温度下降得快，海面上方空气的温度比陆地上方的高。当海面上方的暖空气上升时，陆地上方的空气就会移进来填补它的位置，形成从陆地吹向海面的陆风，如图 7-21 所示。可见，海陆风是由空气温度的不均匀而导致的对流形成的。

图 7-20　海风的形成

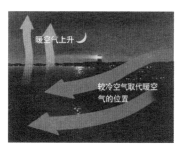

图 7-21　陆风的形成

上升的暖气流 在数小时阳光的照射下，地表附近尤其是岩石表面附近的空气温度明显升高，体积膨胀，密度减小。这些热空气会向上升起，形成暖气流。有些区域的暖气流涉及的高度可达 1000 米。

我们时常看到，有些鸟平伸着翅膀，一动不动地在空中盘旋，悠闲自若，并且越盘旋越高，这就是鸟的滑翔飞行（如图 7-22）。鸟儿滑翔利用的是上升的暖气流。人类也可以利用暖气流。滑翔机是一种没有发动机的飞机（如图 7-23），它们从高处滑动后可以在没有动力的情况下慢慢向下滑行。利用上升暖气流提供的升力，滑翔机可以回复失去的高度，在空中停留更长的时间。

图 7-22　鸟儿滑翔

图 7-23　滑翔机

云的形成 地表附近的空气温度较高，而变暖的空气可以比冷空气携带更多的水蒸气。当这些带着较多水蒸气的暖空气上升到高空后，因为温度变低，水蒸气就变成小水滴和小冰晶，从而形成云，如图 7-24 所示。

图 7-24　云的形成

链接

对流与地壳板块的运动

地球的板块构造学说认为，地球的地壳是由六大板块组成的，地壳板块的运动会使板块发生碰撞和张裂，引起海陆的变化，从而形成巨大的山脉、裂谷和海洋，以及产生大陆的漂移。那么，地壳板块运动的动力来自哪里呢？

原来，地球的结构从内到外分别为地核、地幔和地壳。如图 7-25 所示，地壳的这些板块"漂浮"在地幔的软流层上，黏性很大的地幔软流层会因温度、密度的差异而发

链接

生对流，这不但提供了使海底扩张和使坚固地壳褶皱、断裂和上升所需要的力量，也为各大洲漂移提供了动力。

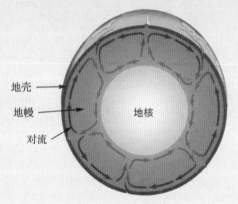

图 7-25　地壳运动的动力

强制对流

许多情况下，单靠自然的对流进行热传递速度较慢，人们会采用人为的方法，强制形成液体和气体的流动，从而加速热传递的过程。

汽车发动机的散热　发动机的工作循环是在高温下进行的，可燃混合气燃烧的最高温度可达 2000℃以上。当发动机工作时，活塞、气缸、气缸盖和气门等直接与高温可燃混合气接触的零部件会强烈受热，这将导致发动机工作温度过高，无法正常工作，甚至出现发动机卡死、损坏等现象。如图 7-26 所示是一种汽车发动机的散热设备，发热体气缸的外面装有水套，气缸中的热通过传导传给水套内的水，水受热膨胀后，从上面的管子流入散热器，热水通过传导把热传给散热器的金属片，并由金属片散出去，经冷却的水又流回水套中。散热设备中的水泵和风扇的作用是加速其中水的循环流动和周围空气的流动。

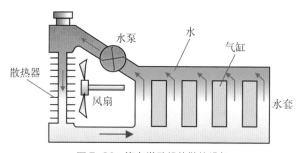

图 7-26　汽车发动机的散热设备

负压风机　负压风机是一种通过向室外强制排气，形成室内外空气对流和空气交换的机器。利用图 7-27 可了解它的工作原理，在建筑物一面墙上安装排气的负压风机，当风机向外排气后，室内的气压会小于室外的气压。这样，室外空气就会从风机对面的窗户等进气口进入室内，流过室内空间，再由负压风机排出。通过这样人为制造的空气对流，不但可以使室内形成人工风，同时可将室内高热、有害气体，粉尘烟雾等迅速排出，从而大大改善

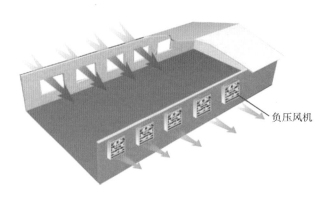

图 7-27　负压风机

室内的空气环境。家庭卫生间里的抽风机、厨房里的脱排油烟机，都属于负压风机。

　　人体血液循环　血液在身体内的循环，一方面起到运输物质的作用，另一方面也起到转移内能的作用。但是，血液循环不是由重力引起的自然对流，而是在心脏的推动下发生的强制对流（如图 7-28）。人体会因内部的化学反应和机械运动产生大量的热，人体内过量的热有 90% 左右是通过血液循环被带到皮肤，由皮肤向外散发的。正是这种散热与产热的平衡，保证了人体的恒温。

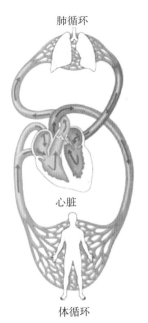

肺循环

心脏

体循环

图 7-28　人体内的血液循环

辐射与温室效应

　　地球每天都在吸收太阳的辐射，同时也时刻向外发出辐射。如果一段时期内，地球发出的辐射与吸收的辐射相等，那么地球的平均温度将保持恒定。如果地球发出的辐射小于吸收的辐射，则地球气候将会变暖。全球气候变暖问题已成为世界各国十分关注的问题。引起全球气候变暖的一个重要原因是温室效应。温室效应是怎样形成的呢？

　　如图 7-29 所示，太阳向地球辐射的光和热实质是含有多种波长的电磁波，地球大气中的二氧化碳、水汽等气体能让短波辐射顺利通过，但对长波辐射却会起反射和吸收作用。穿过大气层的短波辐射被地面

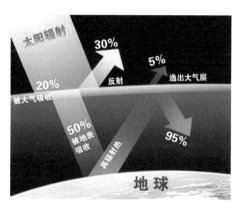

图 7-29　温室效应的成因

吸收后，会以长波（红外线）的形式再向外辐射。这些长波辐射绝大部分会被二氧化碳、水汽等气体反射或吸收，无法逸出大气层。而被吸收的长波辐射又会再向地球发射。大气中的二氧化碳、水汽等气体以这样的方式使地球保持一定的温度，产生了温室效应，这些气体也叫作温室气体。

如果没有温室效应，地球就会变得像火星一样寒冷——火星的大气圈非常薄，其表面的温度会低到 -90℃。我们熟知的生命都将无法存活。另一方面，温室效应过强也可能导致地球变得像金星一样炎热——金星上有厚厚的大气层，其表面温度高达470℃。幸运的是，地球适度的温室效应使人类拥有适合生存的温度。但19世纪以来，化石燃料的大量使用，大面积的毁林开荒（如图 7-30），使大气中温室气体的浓度快速增加，从而导致地球气候变暖（如图 7-31）。虽然科学家预言地球温度的上升幅度似乎并不大，但它会使全球降水量重新分配、冰川和冻土消融、海平面上升等，既危害自然生态系统的平衡，更威胁人类的食物供应和居住环境。气候变暖问题已经成为国际社会面临的重大问题。

图 7-30　汽车尾气的排放和滥伐森林，都可能加剧全球气候变暖

图 7-31　全球气候变暖加速北极冰盖的融化

科学家担忧北欧变冷

当人们关注全球气候变暖问题时，有些研究全球气候变化的科学家却担忧，由于海洋热对流的中断，北欧可能进入一个深度严寒期。

地球两极和热带地区的温度差导致海洋表面洋流的发生（如图 7-32），进而影响全球气候。大规模洋流从热带出发，穿过太平洋和大西洋到达两极。它所输运并逐渐消散的热量占到地球表面这个方向输运热量的一半，另一半热量则由热带向两极运动的风暴所携带。如果极地地区比热带地区以更快的速度变暖，那么两地温差将会变小，这将引起盛行风（即在一个地区某一时段内出现次数最多的风）的走向、风暴轨迹、洋流速度和降水量发生改变。

例如，冰盖的融化加上降水量的增加，可能在北大西

链接

洋密度较高的盐水上面覆盖一层淡水。通常情况下，表面的冷海水下沉，从而启动对流过程。淡水层密度较小，难以下沉，对流减慢甚至停止。失去了对流的牵引，北美海湾暖流常规的北向运动就会减缓甚至中止，从而导致北欧出现低温现象。

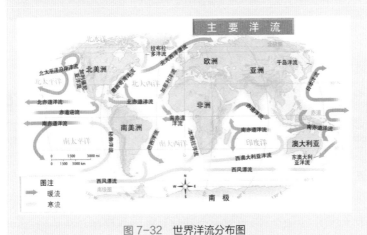

图 7-32　世界洋流分布图

冻土的"保冷"

　　2006 年 7 月 1 日，被誉为"世界铁路建设史上的一座丰碑"的青藏铁路建成通车。在青藏高原上建铁路要攻克许多技术难题，其中一个世界性的难题是冻土问题。

　　冻土是指温度在零摄氏度及以下，含有冰的各种岩石和土壤。由于夏天太阳晒，冻土会出现"融沉"现象；冬天气温下降后，土里的冰凝固得非常坚固，水的反常膨胀会将土顶起来，甚至形成一个个土包的"冻胀"现象。如果不解决这一问题，列车就成了上上下下的过山车。青藏铁路中有一半是多年冻土地段，我国科学家经过大量试验，终于找到了解决冻土问题的有效措施，其中许多措施的目的都是给冻土"保冷"。

图 7-33　铺设片石路基。在路堤底面上铺设一定厚度的片石。在冬季，地温相对高，气温相对低，上方的冷空气通过片石间的孔隙进入片石路基中，将片石孔隙中的热空气挤出，形成对流；在夏季，地温相对低，气温相对高，热空气在上，冷空气在下，片石孔隙中的空气不能形成对流。由于空气是热的不良导体，片石孔隙中的空气起到隔热的作用，使冻土温度保持稳定，从而保护了冻土的完好性

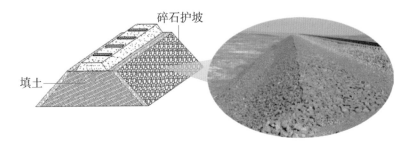

图 7-34　铺设碎石路坡。用碎石铺设在路基的坡面上，也有采用片石护坡的做法，其对冻土保护的原理与图 7-33 相同

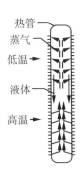

图 7-35　路基插热棒。封闭管内充有液氨，上端为散热片组成的冷凝器，下端为装有液氨的蒸发器。插入路基后，由于寒季气温远低于地温，热棒下部的液氨吸收冻土中的热量，汽化上升，到上部遇冷对外放热液化后，又回流到下部。如此循环，不断将地下的热量移送到大气中，从而降低了基底的地温。暖季时，由于气温高于地温，热棒中的对流停止，热棒也就停止工作。如此起到由下而上的单向导热作用，从而使基土温度越来越低，土体的强度就越来越大

图 7-36　路堤中铺管道。在冬季，通风管打开，这时由于外界温度较低，使得路基中温度与外界一样有较低的温度。在夏季，通风管关闭，使得外界热空气携带的热很难进入路基中，从而减少热扰动。同时，通风管中的空气也能隔绝上方热量向下传递

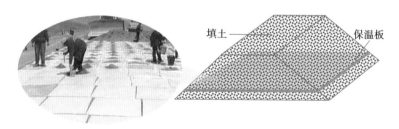

图 7-37　路基铺设隔热板。这种措施仅在低路堤和部分路垫上采用，用 8 厘米厚的隔热板来防止地下与路基上方的热传递，这样不必铺设过厚的土石

图 7-38　架设遮阳棚或遮阳板。在路基上部架遮阳棚或在边坡上架遮阳板，可有效减少太阳辐射对路基的影响，减少传入冻土地基的热量

　　冻土"保冷"的原理虽然十分简单，但每一项技术要想获得成功，都得经历反复的试验。科学转化为技术，中间还得走十分漫长的道路。

房屋的隔热保温

隔热对于房屋来说是非常重要的。夏天，室外的气温通常高于室内气温，应当尽可能减少热从室外传入室内；冬天，室外的气温通常要低于室内气温，应当尽可能减少热从室内传到室外。良好的隔热既可以提供舒适的家居环境，又可以起到节能的作用。

房屋与外界的热交换主要是通过屋顶、墙和门窗三条途径来进行的，如图7-39所示。因此，房屋的隔热保温也应当从这三个方面考虑。

图 7-39　一般住宅与外界热传递的主要途径

屋顶可以通过架设混凝土隔热板、用发泡水泥铺设屋顶、种植花草、铺设反光材料等措施来隔热保温，如图7-40所示。

热量通过门窗的传递主要是以辐射和传导方式进行的，在门窗上贴隔热膜，或采用双层玻璃，可以减少热的辐射和传导，如

a. 架设混凝土隔热板是比较传统的隔热方式，这一方式形成了一个空气隔层，利用空气是热的不良导体，起到隔热的作用

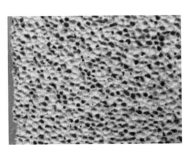

b. 发泡水泥是近年出现的新型建筑材料，它能在其中形成大量空气泡。在屋顶铺上发泡水泥，利用其中不会流动的空气泡，能够收到很好的隔热效果

c. 花草叶片发生的蒸腾作用，以及土壤中的水分都会吸收大量的热量，土壤中的空气是热的不良导体，也能对热量起很好的隔绝作用

d. 辐射是建筑物与外界热传递的主要方式，铺设不锈钢板、铝箔等反光板或反光膜，能够有效地减少辐射传热

图7-40　屋顶的隔热措施

图7-41所示。

　　热量通过墙体主要是以传导的方式进行的，可以采用在墙面上进行垂直绿化和铺设用热的不良导体做成的隔热材料等措施减少墙体的传热，如图7-42所示。

a. 幕墙贴隔热膜既可以阻隔室外热量的辐射，又可以给室内带来足够的亮度。悬挂窗帘也是防止窗户与外界热交换的有效措施

b. 给门窗安装中空玻璃，狭小玻璃夹层中的空气是热的不良导体，可以减少室内外热量的传递

图 7-41　门窗的隔热措施

a. 墙面上的花草既能美化环境，又能隔热

b. 大楼外立面贴隔热岩棉

图 7-42　墙面的隔热措施

因纽特人的雪屋

空气是最好的隔热材料，生活在北极的因纽特人深知这个道理，他们会建造拱形圆形小屋来防寒（如图7-43）。小屋外覆盖着厚厚的雪，雪花都是由晶体构成的，聚集成羽绒状，它把空气束缚在里面，因此可以阻隔热量从房屋内部向外散失。

图 7-43　北极因纽特人的雪屋

森林里的动物寻找雪丘和雪洞来避寒。雪并不是为它们提供热量，而是减缓动物的热量损失。冬天的大地披上厚厚的雪层，好像给大地盖上棉被一样，能够使地面保持温暖。

太阳能热水器和保温瓶

    太阳能热水器是一种直接利用太阳辐射将水加热的装置，它是符合节能理念的现代生活用具。如图7-44所示是一种比较常用的真空管式太阳能热水器，它由真空集热管、储水桶、支架等部件组成。

图7-44　太阳能热水器

    如图7-45所示，在真空管式太阳能热水器中，集热管由内、外两层玻璃管组成，外管透明，内管外壁有黑色涂层，两管之间抽成真空。透明的外管能让太阳辐射透过，内管的黑色涂层能够充分吸收太阳辐射，两管之间的真空能够有效阻隔热量向外传递，使内管吸收的热量只传递给管里的水。内管里邻近受热面的水被加热后，由于体积膨胀、密度变小，将沿着管的受热面向上流动

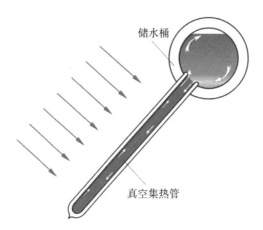

储水桶

真空集热管

图 7-45　太阳能热水器的工作原理

进入保温储水桶，桶内温度较低的水则沿着管的背阳面进入管内，如此不断循环，使保温储水桶内的水变得越来越热。

储水桶由内外两层金属材料、中间夹带由聚氨酯发泡等保温材料做成的保温层组成，以阻隔热水向外散发热量。

保温瓶是家中常备的生活用具。你知道保温瓶为什么能够起到保温作用吗？

如图 7-46 所示，保温瓶的主体是中间的双层玻璃瓶胆，两层之间抽成真空，并镀银或铝，玻璃本身是热的不良导体，真空可以避免热的传导和对流。当瓶内装入热水等时，玻璃镀银面可以阻碍瓶内向外界的辐射。当瓶内储存冰水时，玻璃镀银面则可以防止外界向瓶内的辐射。瓶塞用软木或塑料做成，软木或塑料都是热的不良导体。保温瓶就是这样，把热传递的三种方式都降到最低限度，从而达到保温的效果。

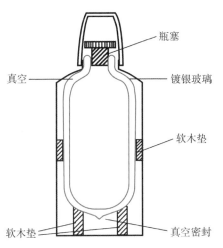

瓶塞

真空

镀银玻璃

软木垫

软木垫

真空密封

图 7-46　保温瓶及其结构

链接

使蛋保温

　　母鸡孵化小鸡这个过程，必须使蛋保持温暖，否则蛋内的小鸡就会死掉。如图 7-47 所示，孵化时，母鸡坐在蛋上把热量传导给鸡蛋和正在成长着的小鸡，孵化窝中的杂草和空气是热的不良导体，

图 7-47　鸡蛋的孵化

链接

可防止热量流失，从而使鸡蛋处于恰当的温度中。

　　母鳄产蛋时会在地面上挖个窝，它一次会产下 50 枚左右的蛋，然后把蛋小心翼翼地一层层放置，每层之间用沙子隔开，最后用沙子把窝盖上，如图 7-48 所示。沙子是热的良导体，它能够将吸收到的太阳辐射传导给蛋，使蛋保持温暖直到小鳄鱼孵化出来。如果鳄鱼窝太热，母鳄鱼会向窝里泼水，或者把一些草拽到窝上。科学家发现，鳄鱼卵没有雄雌之分，小鳄鱼的性别由孵化温度决定。一般来说，温度在 31℃～33℃之间孵化出来的鳄鱼为雄性，温度在 28℃～31℃之间孵化出来的鳄鱼为雌性。

图 7-48　鳄鱼蛋的孵化

航天服的保温系统

　　在探索宇宙时，航天员常要出舱活动。舱外环境非常恶劣：高真空，强辐射，温度变化剧烈。要使航天员在这样的环境中生存和工作，必须用舱外航天服（如图7-49）为航天员提供一个舒适的温度环境。为此，舱外航天服装有外罩防护层、隔热层、保暖层、通风服和水冷服等。

　　外罩防护层采用白色，具有更好的反辐射能力，当有阳光照射时，它可以把大部分太阳辐射反射到太空，避免航天员被太阳辐射灼伤。没有阳光照射时，白色航天服又具有较低的热辐射功能，能够有效地降低航天员身体的对外辐射，起到为航天

图 7-49　航天服

员保温的作用。

头盔也是外罩防护的组成部分，头盔上的面窗经过特殊的涂层处理，可防紫外线辐射和强光。航天员在舱外时，有时会遇到 −100℃ 左右的低温，头盔面窗的温度也会下降，而航天员口鼻中散出的热气就会在面窗上结雾，妨碍航天员的视线。为此，科研人员采取双层面窗使面窗具有良好的隔热作用，采用通风去湿手段保障了面窗的透明度。

航天服的次外层是隔热层。隔热层由 5 ～ 7 层镀铝的聚酰亚胺薄膜式聚酯薄膜构成，各膜之间用网格物隔开，贴在一起形成屏蔽网，具有良好的隔热和防辐射的功能。航天员在舱外活动时，隔热层能在过热或过冷的环境下对航天员起保护作用。

在内衣舒适层外有一个保暖层，在环境温度变化范围不大的情况下，保暖层用以保持舒适的温度环境，它选用保暖性好、热阻大、柔软、质轻的材料，如合成纤维絮片、羊毛和丝绵等。

由于航天员的身体与外界没有直接的热交换，这使航天员工作时会因身体发热而出一身汗。为此，舱外航天服的保暖层外设置了一层通风、水冷服。通风、水冷服多采用抗压、耐用、柔软的塑料管制成，采用全身多路直通式结构（水冷服结构如图7-50），通风、水冷服的基础服装为紧身形式，使得服装能够紧贴内衣靠紧人体皮肤，保证与皮肤之间有良好热交换。热交换管路缝在基础服装上，分布在人体除头、颈、手及足以外的部位。当人体产生的热量不太高时，通风服热交换管内流动的空气会带走身体散发的热量，从而使人体感觉凉爽。当人体产生的热量超过一定值时，通风服不能满足散热要求，这时由水冷服降温。在泵的动力作用下，冷却水从进水管进入热交换管，流经躯干及上下肢后到达出水管，流出出水管后经过降温处理，再回到水冷服入口对航天员进行冷却散热。

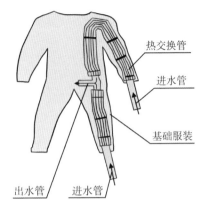

热交换管

进水管

基础服装

出水管　进水管

图7-50　水冷服的结构与原理

思考

潜水员所穿的湿式潜水服中有含水的夹层（如图7-51），这种潜水服有什么好处？为什么？

图7-51　湿式潜水服有含水的夹层

第8章

热膨胀

妈妈从超市买来一瓶罐头，但罐头的金属瓶盖因拧得太紧，你费了很大的劲也旋不开。这时，只要用热水淋一会儿瓶盖，瓶盖会受热膨胀，就可以顺利被拧开了。物体的热胀冷缩与我们的生活有什么关系？一切物体都是热胀冷缩的吗？

图 8-1　用热水淋一会儿金属盖，就能顺利拧开瓶盖

热胀冷缩的力量

一般物体温度升高时会膨胀，温度降低时会收缩。物体的热胀冷缩会产生巨大的力量（如图8-2、8-3）。

虽然物体的热胀冷缩会造成破坏作用，但它也存在有利的一面可以被我们所利用。

火车车轮长年累月在铁轨上滚动，因此其要具有很高的耐用性，为此，在制造车轮时要在轮上套一个硬度大、耐磨损的轮箍。如图8-4所示，为了套得紧密，轮箍的内径要做得比车轮稍小一些。在套轮箍的时候，先把轮箍烧得很热，使它的内径膨胀得比车轮稍大，然后套在车轮上，轮箍冷却收缩后，就紧紧地箍在车轮上了。

图 8-2 公路因受热膨胀而拱起

图 8-3 英国伦敦因夏天酷热而变弯的铁轨

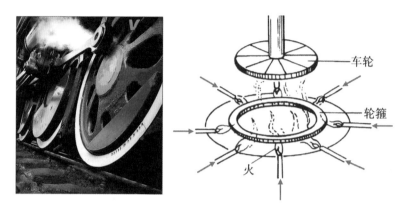

图 8-4　车轮轮箍

　　大型金属构件，如铁桥、铁塔、锅炉、轮船等在制造过程中，需要用铆钉把钢板（或钢梁）连接在一起。在作业过程中，工人常常是将铆钉加热到发红，然后把铆钉塞进两钢板接合处的铆钉孔中（如图 8-5），再用铁锤将露出的钉头敲成半球形。当铆钉冷却收缩时就将两块钢板紧紧地连在一起。

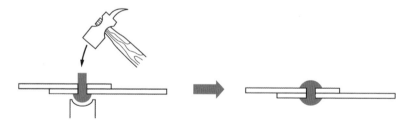

图 8-5　钢板的铆接

　　像固体一样，液体受热膨胀时如果受到阻碍，也会产生相当大的力。在一些大厦天花板上安装的消防喷头（如图 8-6）就是利用液体的这一性质而实现自动喷水的。在消防喷头中有一个封闭的玻璃泡，里面充有随热膨胀程度很高的液体。在常温下，玻璃泡的外壳可承受一定的支撑力，保证喷头的密封性。当发生火灾时，玻璃泡内的液体随温度升高而急剧膨胀，致使玻璃泡破碎，喷头的密封件失去支撑被水冲脱，从而开始自动向外喷水灭火。

玻璃泡

溅水盘

图 8-6　消防洒水喷头

链接

消防洒水喷头玻璃泡内的液体

消防洒水喷头玻璃泡内的工作液是一种热膨胀程度很高的液体，根据喷头启动洒水动作温度的不同，选择酯、醇、乙醚等，它只要有较小的温度变化，就会体积膨胀，产生很大的力，压破玻璃泡使喷头洒水。在不同场合，玻璃泡里面的液体有不同的颜色（如图 8-7），这并非是液体本身的颜色，而是按人为规定染成的色标，不同的颜色表示玻璃泡破碎所需的温度不同。具体如下表：

颜色	橙	红	黄	绿	灰	天蓝	蓝	淡紫	紫红	黑
温度/℃	57	68	79	93	100	121	141	163	182	204

　　一般场所使用的大多为68℃也就是红色液体的喷头，厨房锅炉房等一些温度较高的场所使用93℃的喷头。

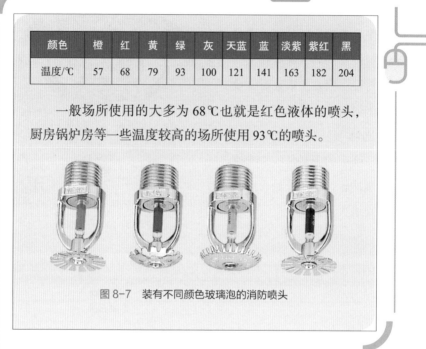

图8-7　装有不同颜色玻璃泡的消防喷头

　　气体受热膨胀时也会产生巨大的力量。如图8-8是手枪射出子弹瞬间的照片，当手指扣动扳机时，子弹壳内的火药燃烧，产生高温高压的气体急剧膨胀，于是产生巨大的推力，将子弹沿着枪管以数百米每秒的速度推出。

　　为了防止物体的热胀冷缩现象造成破坏作用，在生活和技术设计中需要采取相应的措施，如图8-9所示。

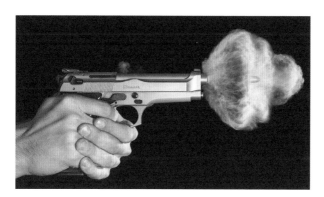

图 8-8　手枪射出子弹瞬间

a. 筑路时给路面留出伸缩键，以防止热胀冷缩　　b. 工厂里的管道有些部分做成 U
造成路面开裂或拱起　　　　　　　　　　　　　　　形，以免遭热胀冷缩的破坏

图 8-9　防范物体因热胀冷缩造成的破坏

　　不同材料由于热胀冷缩程度不同，有时也会造成不利的影响。在技术设计中也必须采取防范措施，如图 8-10 所示。

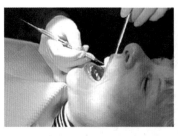

a. 要是牙齿被蛀坏了，补牙的材料必须与牙齿的热胀冷缩程度相近。否则，补牙的材料要么把牙齿挤裂，要么会脱落

b. 在钢筋混凝土建筑中，钢筋和混凝土的热膨胀也要相同，不然，建筑物就不可能坚固

图 8-10　防范因材料热胀冷缩程度不同造成的破坏

链接

埃菲尔铁塔高度因季节而变

　　位于法国巴黎的埃菲尔铁塔约 300 米高，由 8000 多吨铁制造而成，它是法国人民的骄傲。我们知道，300 米长的铁杆，温度每升高 1 摄氏度，要伸长 3.6 毫米。一年四季中埃菲尔铁塔的温度变化范围有 40 多摄氏度，所以一年之中埃菲尔铁塔高度的变化约为 15 厘米。

图 8-11　埃菲尔铁塔

思考

世界上第一只灯泡价格昂贵的原因之一是灯泡引线所用的材料是铂，因为铂的热膨胀程度与玻璃大致相同。为什么要求灯泡的金属引线和玻璃热膨胀程度要大致相同？

热胀冷缩的微观解释

物质是由大量粒子构成的。构成固体的粒子运动形式是振动，构成液体的粒子运动形式是在振动的同时做短距离移动。温度越高，粒子振动越剧烈，振动的幅度越大。如何用粒子振动幅度的变化来解释热胀冷缩现象呢？

你可能会说，温度升高时，粒子振动幅度的增大，既会使粒子之间的最大距离增大，也会使粒子之间的最小距离减小，粒子的平均距离是不会变化的。这一观点是错误的，因为如图 8-12 所

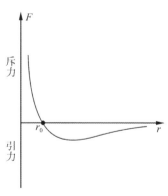

图 8-12 粒子作用力与距离的关系

示，粒子之间的相互作用力是高度不对称的，当两个粒子间的距离小于平衡距离 r_0 时，会相互排斥；而当两个粒子间的距离大于平衡距离时，会相互吸引。由于排斥力比吸引力随距离变化更快，这就使得当粒子振动幅度增大时，粒子间最大距离的增加量要大于最小距离的减小量。从总体上看，粒子之间的平均距离增大了，如图 8-13 所示。这就是固体和液体为什么会发生热胀冷缩的本质原因。

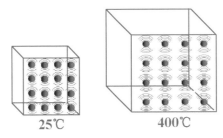

图 8-13　固、液体受热膨胀的本质原因：随着温度的升高，由于粒子振动幅度的增大，粒子之间的平均距离增大了

　　气体的热胀冷缩可以用气体压强随温度的变化解释。第 6 章中已指出，气体的压强从其微观本质上看，是大量气体分子对单位面积的撞击力。当气体温度升高时，大量气体粒子无规则运动的速度增大了，这样，粒子对器壁会产生更大的撞击力。这在宏观上表现为气体对器壁的压强增大了。当气体压强大于外界的压强时，就会向外膨胀。

几种特殊的温度计

常用温度计是利用水银、酒精、煤油等液体的热胀冷缩性质做成的。物体的热胀冷缩是制作温度计依循的基本原理。

伽利略温度计 世界上第一支温度计是意大利科学家伽利略设计出来的，它是利用气体的热胀冷缩性质工作的。伽利略温度计的结构如图8-14所示，温度计下方是一个装有液体的水壶状容器，壶口用塞子塞紧，壶嘴与大气相通，一支带有球状囊的玻璃管穿过塞子插在液体中，玻璃管内有一定高度的液柱。当温度升高时，玻璃泡内的空气膨胀，管内的液柱下降；温度降低时，玻璃泡内的空气收缩，管内的液柱上升。由液柱的高度可以反映外界温度的高低。

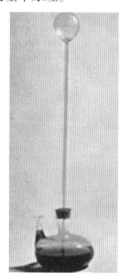

图8-14 伽利略温度计

除了温度的变化，还有哪些因素也会对伽利略温度计中液柱的升降产生影响？

最高最低温度计　气象台会报告一天中的最高气温与最低气温，你知道最高气温与最低气温是用怎样的温度计测量出来的吗？

一天的最高气温与最低气温有多种测量工具。在以往观测气象的百叶箱内，通常放着如图 8-15 的 U 形温度计，这种温度计的特殊结构能够使其方便地测出一天之中的最高气温和最低气温。温度计 U 形玻璃管的下部装有水银，左边玻璃管的上方有一个球状的贮囊，里面装着煤油。左右两边玻璃管的水银面的上方还有一个用塑料做成的哑铃状的游标，它们会随着水银柱在 U 形管内的移动而被推动。当外界的温度升高时，球状贮囊内的煤油会随之膨胀，于是，U 形管内左边的水银面会下降，右边的水银面会上升，右管内哑铃状的游标会被右管的水银面向上推动。当温度达到最高时，这个游标也被推到右管的最高位置，并停留在这个位置，因此就可记录下当天的最高温度。当外界的温度下降时，球状贮囊内的煤油会随之收缩，于是，U 形管左边的水银面会上升，右边的水银面会下降，左管内哑铃状的游标

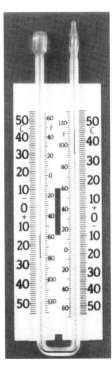

图 8-15　最高最低温度计

会被左管的水银面向上推动。当温度达到最低时，这个游标也被推到左管的最高位置，并停留在这个位置，于是就记录下当天的最低温度。要进行下一天的测量时，只需要轻摇温度计，让游标

落到两边的水银面上即可。可见，这种类型的最高最低温度计是利用煤油的热胀冷缩性质工作的。为了防止右管水银的蒸发，右管水银面上方装有少量矿物油。

在现在的百叶箱内，最高气温和最低气温通常是用最高温度计和最低温度计两支温度计分别测量的。

如图8-16为最高温度计，它的构造与普通温度计略有不同，原理与体温计相近。在玻璃泡内有一枚玻璃针，其尖部直插毛细管中，这使玻璃泡与毛细管之间形成一个窄缝。当温度升高时，玻璃泡内的水银体积膨胀，通过窄缝而挤入毛细管。但温度下降时，玻璃泡内的水银收缩，因其缝隙过于狭窄，毛细管内的水银不能随之退回到玻璃泡，水银柱就在窄缝处中断而留在毛细管内，从而记住最高的温度。

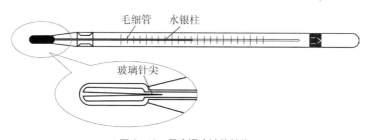

图8-16　最高温度计的结构

如图8-17所示为最低温度计，其玻璃泡内装的测温液是酒精。与普通温度计有所不同的是，在最低温度计的游标内装有一个长2厘米、能滑动的哑铃状游标。最低温度计是用游标来指示温度刻度的。最低温度计水平放置时，游标停留在某一位置；当温度上升时，酒精膨胀会绕过游标而上升，游标则由于其两端与温度计的管壁有足够的摩擦力，会维持在原地不动；当温度下降时，酒精柱收缩到其液面与游标相接触时，由于液面表面张力的存在，游标会被酒精液面推动而下滑；当温度降到最低时，游标便停止滑动，从而记住了最低的温度。每次最低气温观测完毕后，一定要将最低温度计的玻璃泡稍稍抬高一点，使游标滑到酒精柱的顶端，这样下次才可继续观测。

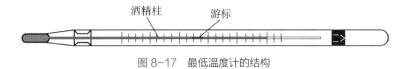

图 8-17　最低温度计的结构

双金属温度计　不同的材料热膨胀程度并不相同，如图 8-18 给出的是长度均为 5 米的不同金属加热到 50 ℃ 时其长度的增加量。如果将两种形状相同的不

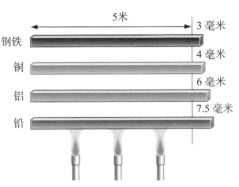

图 8-18　不同金属热膨胀程度不同

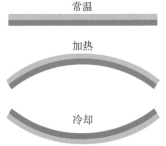

图 8-19　双金属片形状随温度而变

同金属铆在一起，形成一种称为双金属片的结构。在温度发生同等变化时，双金属片就会发生弯曲（如图 8-19），温度变化越大，弯曲越严重。

双金属片在不同温度下弯曲程度不同这一特性，可以用来制作温度计，如图 8-20 所示。

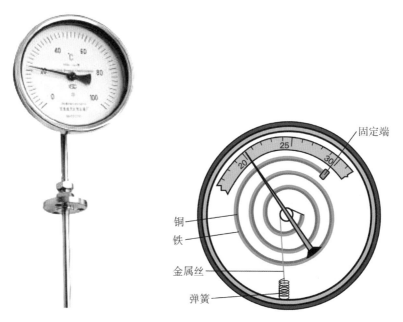

图 8-20　双金属温度计。可以直接测量各种生产过程中 –80℃～ 500℃范围内液体蒸气和气体介质的温度。温度变化时，内部螺旋形的双金属片弯曲程度也会随之改变，从而带动指针转动，指示出相应的温度值

用双金属片进行自动控制

　　双金属片所具有的特殊的功能，不但可以用来制造温度计，还可以作为温控开关，在许多自动控制装置中扮演着极其重要的角色。

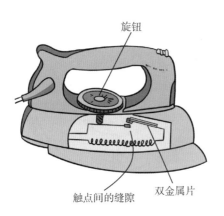

旋钮

触点间的缝隙　　双金属片

图 8-21　自动控温电熨斗。两个触点之间缝隙的大小由电熨斗上的旋钮控制。旋钮上标着合成纤维、丝、羊毛、棉、麻等纺织原料名称，不同品种的纺织原料要求的温度不同。当电熨斗温度达到预定的温度时，双金属片弯曲使两个触点分开，电路自动断开，电熨斗不再发热。温度降低时，双金属片又使两个触点接触，电熨斗又发热……这样，电熨斗温度就可以基本保持恒定

图 8-22　恒温器。孵化器和细菌培养器等都需要恒温器。当环境的温度下降时，双金属片会增大弯曲程度，从而与右边的触点接触，启动加热系统。当环境温度升高时，双金属片就会伸展些，从而与左边的触点接触，启动冷却系统。由此起到使环境保持一定温度的作用

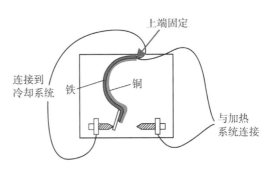

上端固定

连接到冷却系统　　铁　　铜

与加热系统连接

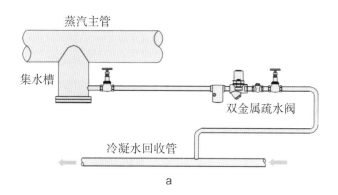

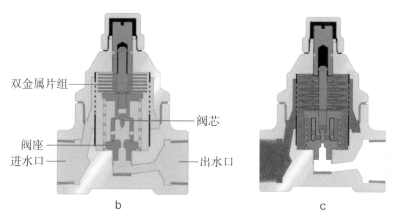

图 8-23　双金属疏水阀及其工作原理。传输蒸汽的管道里会产生冷凝水，在传输蒸汽管道的侧壁安装疏水阀（a）可以排出凝结水，并最大限度地防止蒸汽的泄漏。起始阶段（b），冷凝水进入疏水阀，阀门处于开启状态，冷凝水排出。当热凝水进入疏水阀时（c），双金属片组被加热发生弯曲，推动阀芯靠近阀座，阀门关闭。当热凝水冷却后（b），双金属片组收缩，阀门再次打开，又排放冷凝水。如此循环进行。由于疏水阀前始终存有热凝水，形成汽水分离，蒸汽不会在疏水阀中发生泄漏

水的反常膨胀

如果将一块固态的石蜡放入液态的石蜡中，固态的石蜡将会下沉，如图 8-24 所示。绝大多数物质都和石蜡一样，液态的密度小于固态的密度。但冰却总是浮在水面上（如图 8-25），这就是说，水与一般物质不同，它从液态变为固态时，体积会膨胀，密度会减小。

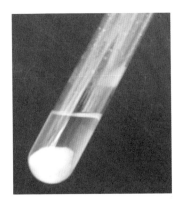

图 8-24　液态和固态的石蜡

图 8-25　北冰洋上的浮冰

　　水不但结冰时体积会膨胀，而且在4℃以下，温度降低时，体积也会膨胀。水与一般物质不同的这种表现，称为反常膨胀。

　　生活中，有不少现象都跟水的反常膨胀有关，如图8-26所示。

a. 冬天寒潮到来时，室外的水管常会出现破裂的现象。其实水管本身并不会被冻裂，是管内的水结冰时体积膨胀，把水管胀裂的

b. 饮料和啤酒不能放入冰箱的冷冻室，因为水结冰时体积膨胀，会将瓶壁胀破。更严重的是，罐装碳酸饮料和啤酒中原来溶解着大量气体，水结冰后由于体积膨胀，会使气体受到压缩，压缩气体会产生很大的力而导致爆炸

图8-26　水的反常膨胀造成的破坏

链接

冷冻食品的口感变化

　　冰冻过的蔬菜、鱼、肉等食品，其口感与吃新鲜食品不一样，这是因为这些食品细胞的主要成分是水，冰冻会使水的体积膨胀，从而使食品的细胞受到破坏。解冻之后，

水和细胞内的部分物质会流失，食物的风味和口感就会发生变化。冷冻形成的冰晶越小，对食物影响越小，加快冷冻速度，不要重复解冻冷冻食物，都可以避免大冰晶形成。

　　适当的低温对某些肉类反而有好处，例如，高级牛排在0℃～1℃之间的低温干燥环境下储存一段时间后（如图8-27），肉自身的酶有足够时间分解蛋白质，又不至于腐败，反而能增强肉类的风味。这种牛排称为"干式熟成牛排"。

图8-27　干式熟成牛排

假设温度计里的测温液是水而不是水银或煤油，如果被测物体开始的温度是4℃，然后发生变化，温度计能否准确反映被测物体的温度是上升还是下降？

　　水的反常膨胀特性对于鱼类和其他水生生物的生存具有极为重要的意义。在寒冷地区，冬天的湖泊会结冰，由于冰的密度比水的密度小，所以，冰会浮在水面上，从而使得鱼能够在冰下生活，并能在湖底找到食物。当湖面结冰后，湖水上下温度并不均匀，温度为4℃的水由于密度最大，总是沉在湖底。越往上，水的温度越低（如图8-28）。由于水的导热性很差，所以湖水降温十分缓慢。再加上地热首先传递给湖底，湖底的水温一般都能维持在4℃左右，使鱼类得以生存。如果水不具有反常膨胀的特性，那么，一到严冬，河水就会冻得严严实实，水生生物就会全部死光。

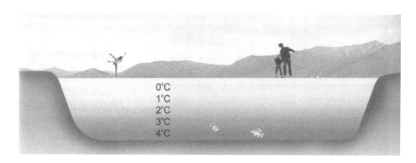

图 8-28　严寒的冬天湖水的温度分布

地球表面分布着大量的土壤，为植物提供了生长的场所。你可知道，这些土壤是地球上的岩石通过千万年的风化而形成的。所谓岩石的风化是指岩石在太阳辐射、大气、水和生物作用下出现破碎、疏松及矿物成分次生变化的现象。岩石的风化从其作用方式看，可分为物理风化、化学风化和生

图 8-29 像被刀劈开的岩石

物风化。如图 8-29 所示的岩石像是被谁用刀劈了一样，它就是由一种与水的反常膨胀直接相关的物理风化造成的。

如图 8-30 所示，在寒冷地带，岩石的孔隙或裂隙中的水在冻结成冰时，体积膨大（增大 10% 左右），对围限它的岩石裂隙壁

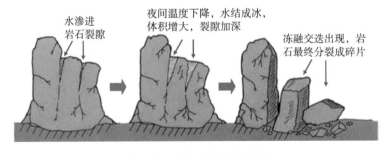

水渗进岩石裂隙

夜间温度下降，水结成冰，体积增大，裂隙加深

冻融交迭出现，岩石最终分裂成碎片

图 8-30 冻融风化过程示意图

产生很大的压力，使岩石裂隙加深加宽。当冰融化时，水沿扩大
了的裂隙更深入地渗入岩石内部，同时水量也可能增加，并再次
冻结成冰。这样冻结、融化频繁进行，使裂隙不断扩大，以至使
岩石崩裂成为岩屑。这种作用称为冰劈作用，又称冻融风化。多
亏水的反常膨胀，使岩石发生风化，为形成植物赖以生存的土壤
起到极其重要的作用。

第 9 章

机械与做功

现在挖掘隧道常用一种叫作盾构机的大型机械（如图 9-1）。盾构机有的直径高达十几米，能通过转动刀盘掘出一条隧道，既快速，又安全。虽然这种机械整体来看十分高端，但它却是由许许多多简单的机械构成的。为了了解复杂机械的原理，必须掌握简单机械的相关知识。

图 9-1　盾构机挖掘隧道示意图

抬箱上楼谁更费力

搬家公司有两个工人按如图 9-2 所示的方式，一前一后抬着一只大箱子上楼，假设箱子质量的分布是均匀的，则两人抬箱谁更费力呢？

图 9-2 抬箱子上楼

箱子共受到三个力：重力 G；前后两人施加的力 F_A、F_B，如图 9-3 所示。先设 A 点为支点，那么，箱子除支点外只受到重力 G 和作用力 F_B，重力 G 使它绕 A 点做顺时针向转动，而作用力 F_B 使它绕 A 点做逆时针向转动。再设 B 点为支点，那么箱子除支点外只受到重力 G 和作用力 F_A，重力 G 使它绕 B 点做逆时针向转动，而作用力 F_A 使它绕 B 点做顺时针向转动。

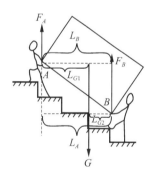

图 9-3 把箱子看作杠杆

以 A 点为支点时，重力 G 的力臂为 L_{G1}，B 点作用力 F_B 的力臂为 L_B。据杠杆平衡条件，有

$$GL_{G1} = F_B L_B,$$

以 B 点为支点时，重力 G 的力臂为 L_{G2}，A 点作用力 F_A 的力臂为 L_A。据杠杆平衡条件，有

$$GL_{G2} = F_A L_A,$$

因为 $L_A = L_B$，$L_{G1} > L_{G2}$，所以，$F_A < F_B$，即走在后面的人更费力。

靠什么力举起哑铃

当你用一只手将重为 50 牛的哑铃缓慢地举起时（如图 9-4），如果问，你手臂的肌肉究竟使出了多大的力，你也许会说：把 50 牛的哑铃举起来，我用的力不正好是 50 牛吗？

你举起 50 牛的哑铃时，你的手与哑铃之间的相互作用力确实是 50 牛，但要知道，你之所以能够将哑铃举起来，靠的是你手臂上肌肉的力，这个力并不是作用在哑铃上，而是作用在你的小臂上。实际上，举起 50 牛的哑铃时，你的手臂肌肉所使的力远远大于 50 牛。而决定你能否将一个物体举起来，关键是看这个力是否够大。

图 9-4　举起哑铃

如图 9-5 为手臂的内部结构，由图可见，手把哑铃举起来，是依靠肱二头肌的作用。人的手臂是一个杠杆，手臂的肘关节就是杠杆的支点，肱二头肌的力作用在肘关节的附近，哑铃的压力作用在这个杠杆的另一端。从哑铃到支点的距离大约是从肱二头肌作用点到支点距离的 8 倍。这样，假如重物为 50 牛，那么肱二头肌所使的拉力就是 400 牛。

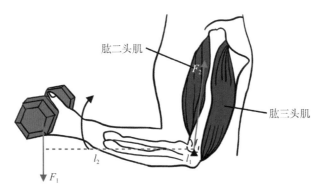

图 9-5　人的手臂是一个费力杠杆

　　人手臂的这种结构似乎很不合理，为什么不让自己更省力地完成动作呢？其实，在利用杠杆时，在力上我们付出了 8 倍的代价，但在移动距离上我们却缩短了 8 倍，杠杆不可能让我们得到省力和省距离的双重好处。动物进化的结果，让人类在省力费距离和省距离费力之间选择了后者，这是一个聪明的选择。由于我们移动物体时省了许多距离，我们的动作才会灵活，才会快。对于动物的生存来说，动作灵活要比省力更为重要，如果我们的身体结构不是这样的话，那么我们的动作就会显得非常迟缓。

轮轴：一种变形的杠杆

有一种叫作辘轳的提取井水的古老工具（如图 9-6），当人摇转辘轳手柄时，就可拉动绕在轴筒上的绳子，将水桶进行升降。

图 9-6　辘轳

类似辘轳的这种简单机械在科学上称为轮轴。轮轴的模型可以看成是由两个大小不一的圆盘组成，如图 9-7 所示。其中大盘叫作轮，小盘叫作轴。

根据杠杆的定义——"在力作用下能够绕某个固定点转动的硬棒"，轮轴在力的作用下也能绕其中心点 O 转动，所以，跟滑轮等简单机械一样，轮轴也是一种变形的杠杆。轮轴的中心点 O 是杠杆的支点，设作用在轮上的力为 F_1，作用在轴上的力为 F_2，轮半径 R 和轴半径 r 分别是力 F_1 和 F_2 的力臂。根据杠杆平衡条件 $F_1R = F_2r$，可得

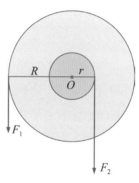

图 9-7　轮轴是变形杠杆

$$F_1 = \frac{r}{R} F_2 \, 。$$

由此可知，如果不考虑摩擦阻力，轮半径是轴半径的几倍，作用在轮上的力就是作用在轴上的力的几分之一。如果动力作用在轮上，阻力作用在轴上，那么轮轴属于省力杠杆，但要费距离；如果动力作用在轴上，阻力作用在轮上，那么轮轴属于费力杠杆，但可省距离。

生活中许多器件都可以看作轮轴。

图 9-8　螺丝刀是一种轮轴，动力作用在轮上，阻力作用在轴上。可以起到省力的作用

图 9-9　驱动游船的转轮是一种轮轴，动力作用在轴上，阻力作用在轮上。可以起到增大力的作用距离的作用

图 9-10　自行车踏板和前齿轮联结在一起构成一个省力轮轴，后齿轮与后轮联结在一起构成一个费力轮轴。骑车者对踏板作用一个力 F_1 使前齿轮转动，链条对前齿轮作用一个力 F_2 阻碍前齿轮转动；链条对后齿轮作用一个力 F_3 使后轮转动，地面对后轮作用一个力 F_4 阻碍后轮转动

    1. 在图 9-10 所示的自行车中，还有什么构件也可以看作轮轴？

    2. 生活中还有哪些器械也可以看作轮轴？

力学的"黄金法则"

　　使用机械有时可以省力,有时则可以省距离。那么,使用机械能不能省功呢?

　　我们先分析利用杠杆做功的情形。如图 9-11 所示,杠杆 OA 长为 L,原先处于水平状态,重物的悬挂点与支点 O 的距离为 l。现用作用在杠杆端点的竖直向上的拉力,将物体缓慢向上提起高度 h。根据杠杆平衡条件,当杠杆处于水平状态时,可列出

$$FL = Gl,$$

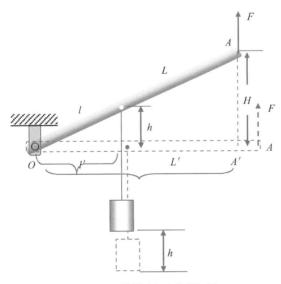

图 9-11　从做功角度分析杠杆

所以，拉力 $F=\dfrac{l}{L}G$。

当杠杆转过某一角度后，虽然动力臂和阻力臂都变小，但两个力臂之比不变，即 $\dfrac{l'}{L'}=\dfrac{l}{L}$，所以，拉力 F 的大小并没有变。

当重力作用点提高 h 时，拉力作用点提高 H。由图 9–11 中的两个三角形的相似关系，可知 $\dfrac{h}{H}=\dfrac{l}{L}$。根据功的定义，若直接用手将重物提高 h，需要做的功为

$$W_1 = Gh,$$

利用杠杆提起重物，所做的功为 $W_2=FH=\dfrac{l}{L}G\times\dfrac{L}{l}h=Gh$。

这表明，若不考虑杠杆的自重和摩擦，利用杠杆将重物举高所做的功，等于不用杠杆直接将重物举到同样高度所做的功。

我们再分析利用轮轴做功的情形。如图 9–12 所示，设想作用在轮上的力 F 使轮轴转动一圈，这个过程中，动力作用点通过的路程 $s=2\pi R$，重为 G 的物体上升高度 $h=2\pi r$。若直接将物体举高 h，所做的功为

$$W_1 = Gh = 2\pi rG,$$

利用轮轴提起物体，所做的功为

$$W_2=Fs=\dfrac{r}{R}G\times 2\pi R=2\pi rG。$$

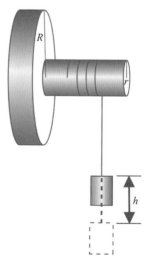

图 9–12 从做功角度分析轮轴

这表明，若不考虑轮轴自重和摩擦，利用轮轴将物体举高所做的功，等于不用轮轴直接将物体举到同样高

度所做的功。

　　虽然上述结论是从杠杆和轮轴两种情形推出来的，但它适用于所有机械。由此可得：若不考虑机械自重和摩擦，利用机械对物体所做的功，等于不用机械直接对物体所做的功，即利用机械不省功。这就是功的原理。功的原理是能量守恒定律在机械做功方面的体现，被人们称为力学的"黄金法则"。

　　你能用动滑轮做功的情形，推导出功的原理吗?

差动滑轮

　　在工厂车间里，常用如图 9-13a 的设备起吊机器或工件。利用它，只需一个人，就可以轻松地把好几吨的物品吊起。这个设备为什么具有如此之神力?

　　图 9-13 中的设备其学名叫作差动滑轮，它是一种特殊的滑轮组，因为十分神奇，工人师傅将它美名为"神仙葫芦"。

　　差动滑轮的结构如图 9-13b 所示，它的上部是两个直径相差不大的链轮（定滑轮）固定在一起，下部是一个动滑轮。动滑轮与链轮之间用链条按图示方式联结起来。滑轮的槽中有齿，所以拉动链条时可以带动滑轮转动。定滑轮设计成只能朝一个方向转动。

设两个链轮大的半径为 R，小的半径为 r，物重为 G。因为 G 很大，故可忽略链条、动滑轮的自重和机械摩擦。如图

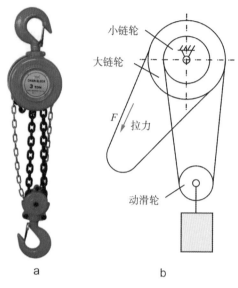

图 9-13　"神仙葫芦"实物图与结构图

9-13b，当用力 F 向下拉动左边的链条，使链轮转动一周时，动力 F 的作用点向下移动的距离为 $s = 2\pi R$。与此同时，绕在小链轮上的链条放下了长度 $2\pi r$，所以，动滑轮和重力 G 上升的高度为

$$h = \frac{1}{2}(2\pi R - 2\pi r) = \pi(R - r),$$

据功的原理，有 $Fs = Gh$，即

$$F \cdot 2\pi R = G \cdot \pi (R - r),$$

所以 $F = \frac{R-r}{2R}G$。

因为 $R - r < 2R$，所以 $F < G$，即使用差动滑轮能够省力。

实际上，R 与 r 很接近，所以 $R - r \ll 2R$，这就使得 $F \ll G$。

如果 $R = 20$ 厘米，$r = 19.5$ 厘米，$G = 2 \times 10^4$ 牛，那么利用上式可算出，$F = 250$ 牛，即拉力 F 只有物重的 $\dfrac{1}{80}$。

斜坡的好处

假如你要把一个重物搬到高处，你会怎么做？这时，如果有一个斜坡，你将省力得多。你可以用小车把重物沿斜坡推上去（如图 9-14）。为什么这样做会比直接把重物搬上去更省力呢？

图 9-14　把小车推上斜坡

像如图 9-14 所示的斜坡，在科学上称为斜面，它是有别于杠杆的另一类简单机械。根据功的原理可以推得，利用斜面移动物体能够起到省力的作用。

用如图 9-15 所示的模型代表斜面，设想斜面的高为 h，长为 L，沿着斜面把重为 G 的物体推上去，不计物体与斜面之间的摩擦。如果直接将物体举高 h，那么所做的

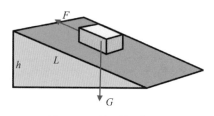

图 9-15　利用斜面能省力

功为 $W_1 = Gh$；利用斜面将物体推上去，所做的功为 $W_2 = FL$。根据功的原理 $W_1 = W_2$，可得

$$FL = Gh,$$

所以，所需的推力为 $F = \dfrac{h}{L}G$。

因为 $h < L$，所以 $F < G$，即沿斜面向上推物体时，所用的推力小于物体受到的重力。式中的比值 $\dfrac{h}{L}$ 也称为斜面的坡度，由上式可知，斜面的坡度越小，所用的拉力越小。与省力杠杆要费距离类似，沿斜面将物体移到高处虽然省力，但要比直接将物体举高要费距离。

事实上，斜面的摩擦总是存在的，所以，利用斜面移动物体实际所需要的力 $F > \dfrac{h}{L}G$。但只要斜面的长 L 足够大，就能够保证 $F < G$。

出于对残疾人的关爱，现在有不少无障碍公交车。车门口有

一种折叠式斜坡钢板，如图 9-16 所示，这为残疾人轮椅的上下通行提供了极大的便利。我们将轮椅沿斜坡推上车要比将轮椅搬上车要省力得多。

图 9-16　小小的斜坡体现了对残疾人的关爱

　　山区的公路往往筑成"之"字形，如图 9-17 所示，这样可以通过增长斜面的长度达到使汽车上山更省力的目的。同理，跨海或横跨大江大河的桥梁，通常要在主桥之外修筑很长的引

图 9-17　山区的盘山公路

桥，如图 9-18 所示，这是因为横跨大海和大江大河的桥下要让船只通过，主桥要建筑得比较高，在较低位置的陆路与主桥之间建筑很长的引桥可以减小坡度，使汽车上桥时比较省力。此外，如果大桥的引桥较短，引桥的坡度很大，汽车下桥时会因速度太快而发生事故。

图 9-18　横跨大海和江河的大桥都有很长的引桥

螺旋和劈

　　把一枚铁钉压入木板是很困难的，但将一枚螺丝钉旋进木板却非常容易。螺丝钉为什么能获得这么大的推进力？

　　按如图 9-19 所示方式，取一张纸，剪一个直角三角形。将三角形卷在铅笔上后，其斜边将形成一个螺旋的形状，就像螺丝（如图 9-20）上的一圈圈螺纹一样。在科学上，像螺丝这样的机械叫作螺旋。螺旋是一个变形的斜面，它相当于在有限的空间将斜面的坡道做得很长。

图 9-19　斜面与螺旋的关系　　　　　图 9-20　螺丝

　　螺旋上相邻两个螺纹之间的距离叫作螺距。设螺丝钉的螺距为 h，手用力 F_1 旋转螺丝刀柄时，螺丝钉得到的推进力为 F_2，力 F_1 的作用点的旋转半径为 r；手用螺丝刀将螺丝钉旋转一圈，并向前推进距离为 h。这一过程中，力 F_1 所做的功 $W_1 = F_1 \cdot 2\pi r$，推进力 F_2 所做的功为 $W_2 = F_2 h$。若忽略摩擦阻力，据功的原理 $W_1 = W_2$，可得

$$F_2 = \frac{2\pi r}{h} F_1 。$$

　　由上式可见，由于 $2\pi r \gg h$，故 $F_2 \gg F_1$，即当我们使用较小的力旋转螺旋时，能够使螺旋产生很大的力向前推进。螺旋的螺距越小，我们旋转螺旋所用的力就越小。

　　螺旋在生活中随处可见，在不同场合有着十分重要的应用。

图 9-21　螺丝（螺旋）和螺帽把桥梁
上的钢铁构件紧紧地固定在一起

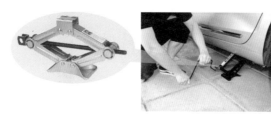

图 9-22　汽车千斤顶利用螺旋的转动产生很大的力将汽车顶起

　　要用手将一根木头掰成两半是非常困难的，但使用斧头却较容易把木头劈开（如图 9-23）。斧头的形状很像是把两个斜面背靠背放在一起，像这类头部呈尖形的简单机械叫作劈。刀、凿子、剪刀的刃部都可以视为劈。

　　劈在工作时，可以将纵向较小的力变换成横向较大的力。这一点，同样可以借助功的原理来分析。以斧头劈柴为例，如图 9-24 所示，设斧头劈柴时，受到向下的力为 F_1，向下移动的距

图 9-23　斧头是一种劈

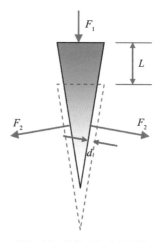

图 9-24　从做功角度分析劈

离为 L，斧头两侧对木柴的推力为 F_2，将木头向两侧推动的距离均为 d。力 F_1 所做的功为 $W_1 = F_1 L$，两个力 F_2 的总功为 $W_2 = 2F_2 d$。根据功的原理 $W_1 = W_2$，可得

$$F_2 = \frac{L}{2d} F_1$$

由于 $L \gg 2d$，所以，$F_2 \gg F_1$。

劈在生活中也十分常见。我们的门牙实质上也是一种劈，它很容易切断食物，就像斧头将木头劈开一样。拉链也是劈在生活中的重要应用。你的衣服、书包等物品中可能装有拉链。要把拉链两边的拉齿扣到一起是困难的，但当拉拉链时，拉链上的劈会把你作用的力放大，从而使你轻松地将拉链的两边合上或分开，如图 9-25 所示。

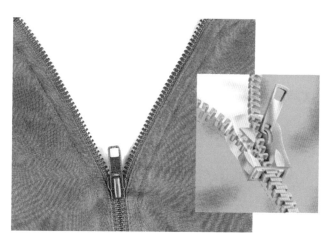

图 9-25　拉链利用劈工作

阿基米德螺旋泵

通常螺旋在工作时，是周围的物体不动，螺旋在转动的同时向前推进。采用逆向思维，如果螺旋不能向前推进，而周围的物体可动，则螺旋转动时，周围的物体就会沿螺旋的轴线方向运动。阿基米德就是基于这样的思想，发明了历史上最早的水泵。这是一种圆筒状的螺旋扬水器，后人称它为"阿基米德螺旋泵"。

阿基米德螺旋泵的结构如图 9-26 所示，它的主体是一个放在圆筒形密封腔室里的螺旋。当风车或水车带动泵轴转动时，螺杆绕自身的轴线旋转，每转一周，密封腔内的液体就向上推进一个螺距，随着螺杆的连续转动，液体就沿着螺旋形轨道从一个螺旋密封腔压向另一个螺旋密封腔，最后挤出泵体。

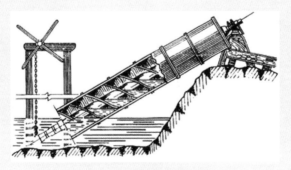

图 9-26　阿基米德螺旋泵

链接

　　螺旋泵不但可以用来抽水，也可以用来抽污泥和松散的固体。只要固体颗粒小于螺距都可以通过。由于螺旋泵具有构造简单，工作安全可靠，不需要真空泵、润滑冷却水泵等辅助机械，螺旋叶片敞开安装、维修保养方便，出料连续均匀、压力稳定等优点，至今仍被人们广泛应用。

第 10 章

能量及其转化

世界各国有不同的货币，在银行，我们可以将一个国家的货币兑换成另一个国家的货币。类似地，能量也有不同的形式，能量可以储存，也可以使用。能量的储存就像把货币存入银行，能量的使用就像去银行兑换货币。能量在使用过程中并没有消失，只是存在的形式发生了转化。能量有哪些形式？能量的转化会遵循怎样的规律？

图 10-1　不同国家的货币

急剧增长的能量消耗

功是能量转化的量度，功率是能量转化快慢的量度。人本身就是一个能量转化器，人用体力做功，就是将体内的化学能转化为机械能。人长时间做功的平均功率非常低，仅为 70 瓦左右，相当于一台台扇工作时的功率。设想你家有一台发电机，你想用一个类似于自行车的装置，请一个工人骑，来带动这台发电机发电，这个工人从早到晚拼死拼活地骑 10 小时，即使不考虑机械摩擦产生的能耗，这台发电机发出的电也只有 0.7 千瓦时！按我国民用电的价格，还不到 4 角钱。

一般小轿车的功率要大于 70 千瓦，这个功率与 1000 个人做功的总功率相当（如图 10-2）。由此我们看到，正是机器代替了人，才使做功的速度得到了极大的提高。

人类最早只用自己的体能做功输出能量，这种能量来自食物和氧气在体内的结合。

图 10-2　1000 个人劳动的总功率和一辆轿车的功率相近

人类大约在 100 万年前开始用火。大约 1 万年前，人类开始使用牲畜的化学能做功，这促使人类文明进入农业时代。牲畜和火的利用使每个人平均消耗的能量大约增加到人用自己体能做功的 5 倍。

进入工业时代后，用煤作燃料的热机的普遍使用，使得工业化国家每人平均消耗的能量再增加 5 倍，即相当于人用自己体能做功的 25 倍。

图 10-3　工业化国家人均能耗相当于人用体能做功的 125 倍

近几十年来，各种化石燃料热机的大量使用（主要用于运输和供电），已使发达工业化国家每人平均能耗量再上升 5 倍，即每个人平均消耗的能量相当于人用自己体能做功的 125 倍。可见，当今人类所消耗的能量远远超出了人用自身体能做功所提供的能量！

上楼时，无论你是慢步走，还是快步跑，只要你上升的高度一样大，你克服重力做的功就一样多，你消耗的体能也一样多，但为什么快步上楼时人会气喘吁吁，而慢步上楼却不会？

人体能量的来源

汽油机之所以能够运转，是因为它能通过燃烧汽油获得内能。人体好像一台开动的机器，人做任何事情，例如走路、讲话、做工作、呼吸和保持体温，都需要能量。人体内的许多生理过程，例如血液循环和各组织器官的新陈代谢等，都要依靠能量才能实现。人体为实现这些目的每天需消耗 1000 多万焦的能量。人体不能像植物一样通过光合作用固定太阳能，而是从食物中摄取能量。

食物以化学能的形式蕴藏着大量的能量，一根香肠所含的化学能甚至比一支雷管炸药所含的化学能还多（如图 10-4）。

人体能量的来源主要是糖。燃烧 1 克糖能够释放出 15000 焦的化学能。我们所需要的糖主要由粮食供给。从如图 10-5 所示的膳食结构看，人每天食用的主要食物是粮食，而粮食的主要成分

图 10-4 雷管（内有炸药）和香肠

是淀粉，淀粉是一种多糖物质，人体在消化食物的过程中，把淀粉转化为可被机体吸收的单糖物质葡萄糖。这些糖一部分形成糖原暂时储存在肝脏和肌肉内，另一部分则经过血液循环，被送往全身组织细胞。当人体需要消耗能量时，细胞内的糖会被氧化分解而释放出能量。

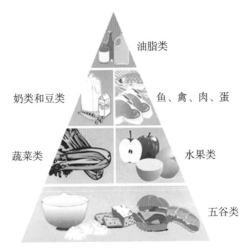

图 10-5　膳食金字塔

油脂类
奶类和豆类
鱼、禽、肉、蛋
蔬菜类
水果类
五谷类

人在正常情况下，血糖浓度维持在 80～120 毫克 / 分升（即每 100 毫升血液中含葡萄糖 80～120 毫克）。当血糖浓度降到平衡值以下时，储存在肝里的肝糖原会分解成葡萄糖来补充其差额。如果人短时间缺少糖，就会出现头晕、出冷汗、心悸，严重的则产生昏迷。长期缺少糖，生命就会停止。

在人的细胞内，脂肪是一种不溶解的高化学能物质，也是一种极其良好的储能物质。人体一方面会把体内过剩的糖转化成脂肪储存起来，另一方面也会直接从食物中吸收脂类物质转化成脂肪储存起来。当人体无法从糖中获得足够能量时，脂肪又能转化成糖，为人体补充能量。

能量并不是我们能从食物中获得的唯一有用的东西，食物中还含有人体的"建筑材料"——蛋白质、维生素、矿物质，人体就用这些物质来制造新的生命物质。因此，人体的生长、细胞的新陈代谢等都需要食物，这些过程既需要"建筑材料"，也需要能量。因此，尽管食物的主要功能是为构造人体提供原料，但是满足人体的能量需要也是食物极为重要的功能。

食物链中的能量转化

草的生长需要阳光，蚱蜢吃草，蛇吃蚱蜢，猛禽吃蛇，这里，草、蚱蜢、蛇、猛禽四者之间就构成了一个食物链：草→蚱蜢→蛇→猛禽。一个食物链不但反映了物质的转移和转化过程，也反映了能量的转移和转化过程。

如图 10-6 所示，食物链的第一营养级是植物，它利用太阳能为自己提供能量。植物只利用大约 1% 的照射到叶子上的光，植物利用光能，将水和空气中的二氧化碳转变成有机物，将光能转变成化学能储存在有机物中。这些有机物储存在植物的根、茎、叶等营养器官中，也储存在果实、种子等生殖器官中。

植食动物吃掉植物，储存在植物中的能量转移给动物。能量从植物到植食动物的传递效率通常只有 10% 左右。这是因为，植物的细胞在进行呼吸作用的过程中，散发了一部分热量；再者，并非植物所有的构成物质都能被动物吃掉；而且，动物吃进的食

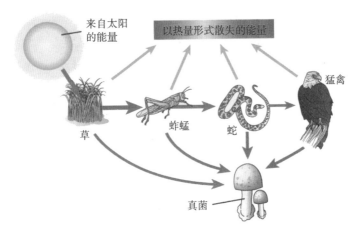

图 10-6　食物链中的能量转化

物并非都能在体内被分解消化和利用，不能消化的部分会被动物
以粪便的形式排出。在我国藏区，有的藏民会利用牛羊粪便作燃
料（如图 10-7）。像鸡、鸭等禽类受其消化机制的影响，它们对

图 10-7　藏民将牛羊粪便晒干作燃料

进食的食料消化不彻底，其粪便中含有的营养物质较其他动物多，可用来作养鱼的饲料。

植食动物可能被肉食动物吃掉。当一个肉食动物吃掉另一个植食动物时（如图 10-8），也就发生了能量的转移和转化，同样，植食动物体内的化学能也只有大约 10% 变成以它为食的肉食动物体内的化学能。

动物的粪便和动植物遗体中所含的有机物可以成为细菌、真菌、蟑螂、蚯蚓等生物分解者的食物，为它们提供能量，并以化学能的形式储存于这些生物的体内。

图 10-8　狮子捕食牛羚

气体的绝热过程

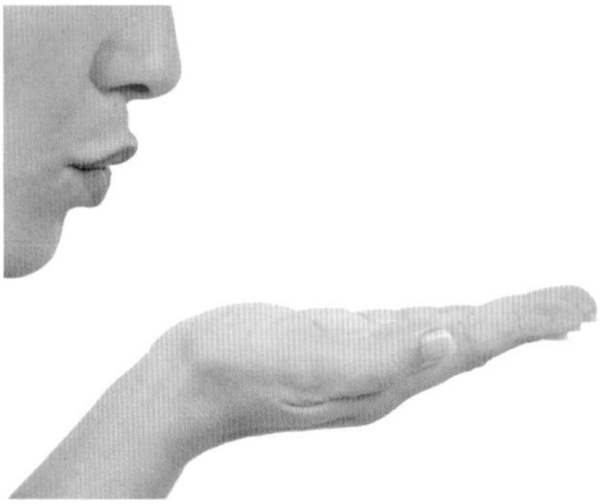
图 10-9　向手心吹气

如果你张开嘴，向手心呵气。你呼出的气体是温暖的。如果你噘起嘴唇，只留一个小洞，向手心吹气（如图 10-9），你呼出的气体就略微变冷了。嘴里的气体是温暖的，为什么用后一种方法吹出时，却会变冷呢？原来，气体在这里发生了绝热变化的过程。

我们知道，改变物体的内能有热传递和做功两种方式。气体在与外界没有热传递的情况下发生膨胀和压缩，这样的过程称为绝热过程。在绝热过程中，气体体积膨胀，对外做功，内能减少；气体体积压缩，外界对气体做功，内能增加。你噘起嘴唇，只留一个小洞向手心吹气，是肺部气体向外膨胀的过程，这一过程进行地非常迅速，气体来不及与外界发生热交换，可看作一个绝热膨胀的过程。由于气体对外做功，内能减少，故手心感觉吹出的气体是冷的。

打气筒为什么发热　当我们用打气筒给自行车打气时，打气筒的壁会变热（如图 10-10）。对这一现象，你可能会认为，这是因为打气时，活塞与气筒壁发生了摩擦。固然，摩擦是会生热，但在这一过程中，摩擦生热只是次要因素。主要因素是：打气时，活塞对封闭气体做功，而在这个过程中，封闭气体来不及与外界发生热交换，气体的内能增加，温度变高。

图 10-10　给自行车打气

汽水瓶口为什么出现白雾　汽水（或啤酒）是人们普遍喜爱的饮品。你是否注意到：当用开瓶器打开汽水（或啤酒）瓶盖时，常常可以看到瓶口会冒出一股雾气（如图 10-11）。你能够解释这一现象吗?

原来，制造汽水（或啤酒）时，会向其内压入二氧化碳，使得汽水（或啤酒）上方的空间气

图 10-11　汽水瓶口的白雾

体的压强比外界大气压大。当瓶口突然被开启时，这些气体会突然向外膨胀，对外界做功，由于来不及从外界吸收热量，故气体的内能减小，温度降低。由此导致瓶口附近的水蒸气液化成小水滴，从而形成白雾。

为什么高处的气温较低 我们知道，山顶的气温要比山脚低。在对流层中，气温随海拔的增大而降低。虽然引起气温随海拔变化的原因有多个，但主要的原因是做功。低处的气团因受热体积膨胀，密度变小，会向上升起，与高处的空气形成对流。因为海拔越高处，大气的密度越小，压强越小，所以气团上升时体积会膨胀，对外做功，如图 10-12 所示。由于空气是热的不良导体，上升的气团与外界的热交换可以忽略不计，故气团上升过程中，体积膨胀，对外做功，内能减小，温度降低。反之，冷气团下降可以看作绝热压缩过程，温度会升高。

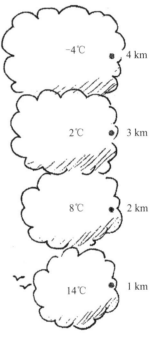

图 10-12　气温与海拔的关系：每上升 1 千米，气温约下降 6℃

高空的飞机打的是热空调还是冷空调

我们知道，大气对流层中气温会随海拔的增大而降低，当海拔接近 1 万米左右时，气温将低于 −50℃。客机在高空飞行时，为了使密闭的机舱内空气清新，需要利用空调将舱外新鲜的空气引入到舱内（如图 10-13）。飞机在万米高空飞行时，虽然舱外气温在 −50℃以下，但由于空调的作用，舱内总是温暖如春。那么，这时飞机的空调模式是制热还是制冷？

对这一问题，你可能会说，那当然是制热，因为舱外的气温比舱内要低得多。非常遗憾，你的回答是错误的。事实恰恰相反，飞机上的空调并不是对外面进来的空气进行加温，而是进行降温的，即飞机打的是冷空调，而不是热空调。这是为什么呢？

原来，包围着地球的厚厚的大气层，其密度分布是不均匀的，高度越高，空气的密度越小。而大气压强跟大气的密度直接相关，

图 10-13　机舱需要不断引入新鲜空气

密度越小，压强也越小，这就使得大气压强会随高度的增大而降低，如图 10-14 所示。在万米高空，大气压约为 26 千帕。

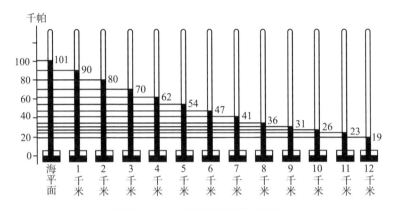

图 10-14　大气压与高度变化的关系

从另一方面看，物体的内能可以用热传递和做功两种方式来改变。对气体而言，如果外界对气体做功，即对气体进行压缩，那么气体的内能将增大，温度将升高。反之，气体对外界做功，即气体发生膨胀，气体的温度将降低。

气体是可以流动的，气体总是从压强大的地方流向压强小的地方。由于在高空，飞机舱外空气的压强远远小于舱内空气的压强（根据航空标准，客机机舱内的气压不能低于 60 千帕，且海拔越低，舱内气压越大），所以，舱外新鲜的空气是无法直接进入舱内的，它必须经过气体压缩机压缩后才能进入舱内。在压缩的过程中，压缩机对空气做功，将会使空气的内能大幅度增加，温度大幅度上升。事实上，如果不用空调，压缩后的空气温度将达到 50℃以上。这么热的空气进入舱内显然是人所无法承受的。所以，飞机的空调系统必须对这些热空气进行降温。

荡秋千中的能量转化

荡秋千是许多孩子十分喜欢的运动（如图 10-15）。我们发现，有的人在荡秋千的过程中，尽管没有别人推他，却会越荡越高。秋千为什么会越荡越高？这多出的机械能是从哪里来的呢？

图 10-15　荡秋千

荡秋千时，如果人只是坐着或站着，那么，当人体来回摆动时，人和踏板的动能与势能之间将会不断地发生相互转化。如图 10-16a 所示，当人从 A 点摆到 B 点时，势能不断转化成动能；当人从 B 点摆到 C 点时，动能不断转化成势能。由机械能守恒定律可知，若不计空气阻力，机械能保持不变，C 点与 A 点等高。但由于存在空气阻力，秋千摆动过程中总要损失一部分机械能，所以，秋千摆动的高度将不断降低。

如果某人在荡秋千时，地面上的人有节奏地推动秋千，这样，秋千在摆动过程中就能不断得到能量的补充，即地面上的人通过做功，将体内的化学能转化为秋千的机械能。只要得到的能量大于因空气阻力而损失的机械能，秋千就能越荡越高。

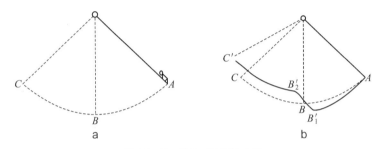

图 10-16　荡秋千过程的分析

但是，荡秋千的高手在摆动时，并不需要别人的帮忙，也能够越荡越高。原来，这些荡秋千的高手在荡秋千的过程中，并非只是静坐着或静站在秋千的板上，而是随着秋千的摆动有节奏地下蹲或站立。如图 10-16b 所示，每当秋千从最高点 A 向下摆时，人先下蹲，至接近最低点 B_1' 时迅速站立，当摆至另一侧最高点 C' 后，他又下蹲，然后重复前一个过程的动作。人到最高点后下蹲，可以降低人重心的位置，从而使得秋千向下摆时人的重心位置降低更多，使得更多的势能转化为动能，秋千在接近最低点时能够获得更大的速度。在接近最低点时人迅速站立，由于惯性，人的速度大小几乎不变，即在 B_2' 的速度约等于在 B_1' 的速度，但站立使人体内的化学能转化为势能，即增加了秋千在最低位置附近时的机械能。只要在站立过程中所增加的机械能大于因空气阻力而损失的机械能，秋千便能摆至比原来高度更高的位置 C'。如此重复荡秋千将会越荡越高。

骑车和跑步

如果是在平路上，或是在下坡的路上，人骑自行车行进要比跑步轻松得多。但是，如果是在上坡路上（如图10-17），人骑自行车行进却不会比跑步轻松多少，有时甚至会感到更为费劲。如何解释这一生活现象呢？

图 10-17　骑车与跑步

上述问题可以从能量观点进行解答。人无论是骑自行车还是跑步，都要消耗一些能量。人在同一段时间内消耗的能量越多，就会越感到费劲。

当人在平路上或在下坡路上跑步时，每跑出一步，人身体都要做上下运动以及瞬时的停顿。这样，跑步者就会有很大一部分能量被无效地损耗掉，这些能量必须由人体重新来提供。

如果是在平路上或在下坡的路上骑自行车，虽然人要为克服自行车的摩擦，保持自行车的速度而对自行车做功，身体也要做上下运动而消耗一定的能量，但在相同时间内，人身体上下运动的次数要少得多，而且运动幅度也相对要小些。人所消耗的总能量与跑步相比要少得多。所以，在平路上或在下坡的路上，骑自行车要比跑步轻松得多。

但在上坡时，由于人体提供的能量主要用来增加重力势能，骑自行车上坡，人不但要为提高自身的重力势能做功，还要为提高自行车的重力势能做许多额外功，这时，自行车的优势就明显下降。所以，在上坡时，骑自行车并不比跑步更轻松。

混合动力汽车中的能量转化

　　传统汽车靠燃油发动机驱动，但这种发动机的效率较低，尤其是废气的排放会污染环境。在各国对环境保护的呼声下，电动汽车应运而生。电动汽车虽然自身没有排放废气，但目前电池还存在成本较高、储电量不足、续航里程较短的缺点。为此，汽车制造商制造出一种混合动力汽车，它采用传统的内燃机和电动机作动力源。车辆行驶的动力依据实际的车辆行驶状态由单个驱动系统或几个驱动系统提供。混合动力汽车是如何进行能量转化的？

　　混合动力汽车的结构如图 10-18 所示，电池储存着化学能，当它向电动机供电时，将化学能转化为电能，而电动机则把电能转化为机械能。汽油（或其他燃油）储存着化学能，它在发动机内燃烧时，把化学能转化为内能，进而对外做功转化为机械能。

　　在城市道路上行驶时，汽车由静止启动或低速加速时，用电

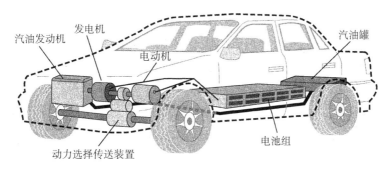

图 10-18　混合动力汽车的动力系统

池驱动电动机为汽车提供动力。在这种情况下，内燃发动机由于效率不高，若启动内燃发动机，则会导致废气的大量排放。

在高速公路上行驶时，汽车主要由内燃发动机提供动力，而电动机只是在偶尔有额外需要时使用。在不需要内燃发动机的全部动力开车时，发动机同时带动发电机发电来对电池充电，将机械能转化为电能，进而转化为化学能。汽车下坡或刹车时使电动机反转发电来对电池充电，防止机械能转化为内能造成能量的无谓散失。

混合动力汽车中各种可能的能量流向可用如图 10-19 直观地表示。

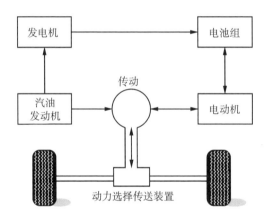

图 10-19　混合动力汽车能量可能的流向示意图

太阳是地球能量的主要来源

我们从食物中获得化学能，从燃料的燃烧中获得内能，在

太阳辐射晒热地表，使一部分水蒸发

水蒸气上升到大气高寒层凝结成云

太阳发出巨大的辐射能

利用太阳辐射的热制造蒸汽来发电

云中的水滴和水晶相碰变大，降落下来

植物将太阳能转化为化学能贮存起来

光伏电池把太阳光转化为电能

树木在地下经千百万年变成了煤炭

燃煤电厂将煤炭中的化学能转化为电能

燃烧木炭，储存在木材内的化学能转化为内能

小麦做成面包，人食用后，化学能储存在体内

微波炉将电能转化为电磁辐射，电磁辐射再转化为面包的内能

水库储存水的势能。水电站把机械能转化为电能

图 10-20　我们使用的大多数能量都直接或间接地来自太阳

用电过程中消耗大量电能……其实，从能量转化角度看，我们利用的大多数能量，都是直接或间接来自太阳的电磁辐射能。

地热的来源

地球的内部蕴藏着无比巨大的内能，地球通过火山爆发（如图 10-21）、间歇泉和温泉等途径，源源不断地把内能传到地面上来。据估计，全世界地热资源的总量大约为 14.5×10^{25} 焦，相当于 4.9×10^{15} 吨标准煤燃烧时所放出的热量，这相当于全世界煤炭贮量的 1.7 亿倍。

图 10-21　蔚为壮观的火山喷发现象

多数科学家认为，地球内部巨大的地热能并非来自太阳，而是与原子核发出的射线直接相关。自然界中有些元素会自发地向外发出射线，而使一种原子核变为另一种原子核。元素具有的发射射线的性质称为放射性，具有放射性的元素称为放射性元素。在地球内部，有许多放射性元素，如铀 238、铀 235、钍 232、钾 40 等，它们会自发地向外发射射线。正是这些射线与地球物质的碰撞，使所携带的动能和辐射能转化为了地球物质的内能。

形形色色的永动机

当机器代替人力进行生产之后，曾有不少人产生过一个美丽的梦想，即期望设计一种机器，它不需要消耗燃料，也不需要外界提供动力，就可以源源不断地对外做功，这就是所谓的"永动机"。许多人曾经为实现这个梦想而绞尽脑汁，倾注了大量的精力，设计出一个又一个永动机的方案。但是，关于永动机的各种尝试无一例外地以失败而告终。1775 年，法国科学院宣布"本科学院以后不再审查有关永动机的一切设计"。我们来认识几个在历史上比较有名的永动机。

亨内考的"魔轮" 早在 13 世纪，法国人亨内考就设计了一个"魔轮"，如图 10-22 所示。他在一个轮子的边缘上等距安装了 12 根活动短杆，每根杆端分别固定一个重球。无论轮子转到什么位置，处于轴右边的各个重球总比处于轴左边的各个重球离轴心更远一些。

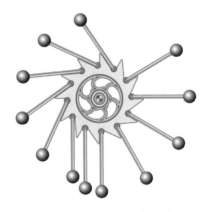

图 10-22 亨内考的"魔轮"

亨内考认为，这样的结构就会使得轮子按图中顺时针的方向永不停息地旋转下去，直至转到轮轴磨坏为止。

实际上，这个设想是无法实现的。因为，虽然右边重球离轴心较远，但右方重球的数量却要少于左方重球的数量。所以，这个"魔轮"只是摆了几下，就在图示的位置停下来。

弗洛德的"水螺旋"永动机 1618 年，英国博物学家罗伯特·弗洛德设计了如图 10-23 所示的永动机。在这个机器中，上面槽里的水从一个出口流下来，冲在一个水轮上。水轮带动了磨刀石，同时通过一组齿轮带动螺旋抽水机，又把水向上提升回到上面的槽里。如此

图 10-23 弗洛德的设计

循环往复，使机器得以持续运转。

　　同样，这个永动机也是不可能实现的。实际上，从低处送往高处的水总是少于从高处流向低处的水，所以，水槽里的水将会越来越少，直至全部流光，水轮机也就停止了转动。

　　浮力永动机　如图 10-24 所示是一个著名的浮力永动机的设计方案。这个机器中，一连串的空心箱子可以像链条一样绕在上下两个转轮上。右边的箱子浸没在一个盛满水的容器里，这些箱子在浮力作用下会向上运动，从而带动两个轮子转动。当上面有一个箱子露出水面时，下面就有一个箱子穿过容器底补充进来。这样，右边永远有等量的箱子处于水中，所以，两个轮子将永不停息地转动起来。

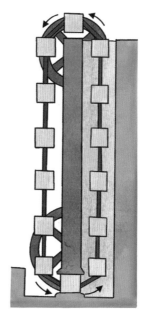

图 10-24　浮力永动机

　　表面上看，这个永动机的设计似乎无懈可击，但深入推敲却可发现其漏洞。因为最下面的箱子受到水向左的压力要远大于它上方所有箱子受到向上浮力的总和，所以，右边各个箱子并不是向上运动，而是向下运动。每当一个箱子从容器底穿出时，都将带出一些水，直至将所有的水带出为止。

　　斜面球链永动机　如图 10-25 所示是 16 ～ 17 世纪被人们广泛谈论的永动机，这种永动机中，有若干个很重的铁球用链子连接起来放在一个三棱体上。三棱体的两个斜面长短不同，较长的

斜面上球的数量要多于较短斜面上球的数量。设计者认为，较多的球受到的下滑力自然比较少的球受到的下滑力大。这样，整个装置就会运动起来。一旦左边滑下一个球，右边一定同时补上一个球，这样，永远是左边球受到的下滑力大于右边球受到的

图 10-25　斜面球链永动机

下滑力，球链就会持续不断地运动下去。

　　与所有永动机一样，斜面球链永动机也以失败而告终。原因是：左边球虽多，但斜面较缓，每个球受到下滑力较小；右边球虽少，但斜面较陡，每个球受到的下滑力较大，结果两个斜面上的球受到向下的拉力将一样大。

　　各种永动机虽然都失败了，但永动机的失败对于我们认识科学却具有积极的意义：

　　其一，永动机的无法成功从反面证明能量在转化过程中总量是守恒的。

　　其二，对失败案例的深入研究，有时可以获得新的科学发现。

　　其三，那些最初尝试制造永动机的人，其执着的探究精神是可嘉的。

　　其四，科学探究仅有好奇心和执着的精神是不够的，必须依据科学规律。违反规律行事终将会留下深深的遗憾。

中微子的发现

　　中微子是一种质量极小、不带电且与物质相互作用极其微弱的基本粒子。20世纪20年代末、30年代初，科学家发现，放射性元素在发射 β 射线（即原子核向外发射出电子流，称为 β 衰变）时，原子核与电子的总能量并不守恒，似乎丢失了一点能量。丹麦物理学家玻尔认为，β 衰变过程中能量守恒定律失效了。但是，奥地利物理学家泡利坚信能量守恒定律没有失效，他在1930年提出一个假说，认为 β 衰变中能量并没有丢失，而是存在一种我们所未知的神秘的基本粒子——中微子。这点"被丢失"的能量是被中微子所携带的，如图10-26所示。这一假设最终在实验中得到证实。这也成为能量守恒定律引导科学家作出科学发现的经典案例。

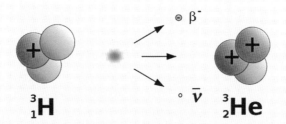

图10-26　β 衰变的图示：^3_1H 核发射出电子变为 ^3_2He 核。图中 $β^-$ 表示电子，$\bar{\nu}$ 表示中微子

思考

图 10-27 是荷兰著名版画家埃舍尔（Escher）所作的一幅版画《瀑布》。你能看出画中存在的科学错误吗?

图 10-27　埃舍尔在 1961 年完成的杰作《瀑布》

能量转化的方向性

在分析实际过程的能量转化时，你是否注意到一个有趣的现象：能量的转化似乎最终都会转化为内能。例如：手电筒里的电池给小灯泡供电时，电池的化学能转化为电能，电能则转化为小灯泡的内能和辐射出来的光能。当然，电池对外供电时自身也会发热，其内能也会增加，灯泡发出的光照在墙上，光能则转化为墙的内能。当你将一本书抛向空中，你身体内的化学能转化为书的机械能和身体的内能（身体会因运动而发热）。书本在空中运动一段时间后最后落到地面上时，书的机械能即转化为内能。如果考虑空气的摩擦，书在空中运动时，有一部分机械能已经在途中转化为书和空气的内能。

能量转化为什么会发生这样的情况？这是因为内能是一种很特别的能。内能究竟特别在哪里呢？

设想有一台电动机和一台发电机，电动机通电后，会将电能转化为机械能。而让这台电动机带动发电机，则会将机械能转化为电能。如果通电导线不会产生热量，机械也不存在摩擦，那么电动机输出的机械能等于输入的电能，而发电机输出的电能等于输入的机械能，如图 10-28 所示。这表明，电能和机械能的转化是可逆的。但是实际上，通电的导线会产生内能，机械的摩擦也会产生内能。所以，在这个系统中，有一部分机械能和电能会转化为内能。能量的这种转化是不可逆的，不可能出现这样的情形：

机器的内能减少，而让机器自发地转动起来；或导线的内能减少，而发出电来。

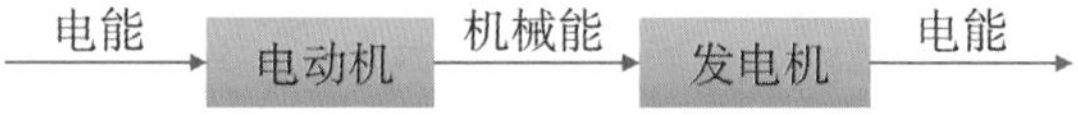

图 10-28　电能与机械能的相互转化

　　煤气燃烧时（如图 10-29），煤气变成了二氧化碳和水（以水蒸气形式），从能量角度看，煤气的化学能转化为内能，二氧化碳和水蒸气不可能自发地通过减少内能转化成化学能。

图 10-29　煤气燃烧时，化学能转化为内能

　　大量事实表明，任何产生内能的过程都有一种单向性，或者叫作不可逆性。一个系统一旦产生了内能，这个系统就永远无法靠自己回到原先的状态。再者，无论是通电导线产生的内能，还是机械摩擦产生的内能，或是煤气燃烧产生的内能，最终都将散发在周围环境中。这些内能除了使周围环境温度有所变化之外，

很难再转化成别的能量被我们所利用，是一种较难利用的能，或者说是一种品质较低的能。有人说，既然能量是守恒的，为什么还要强调节约能量呢？这是因为，我们利用能量的时候，能量虽然没有丢失，但能量的品质却降低了，即把原来较易利用的能量变成了较难利用的能量。

能量的利用率

你用灯泡来照明，是希望通过消耗电能来获得光能。但电流通过白炽灯（如图 10-30）时，电能不但转化为了光能，也有相当部分转化为内能而无效地耗散掉了。就灯泡而言，输入的是电能，输出的是有用的光能和无用的内能，它的能量利用率为：

图 10-30　白炽灯的能量利用率极低，其电光转化率约为 5%，约有 95% 的电能转化为内能而白白地流失掉了

$$能量的利用率=\frac{光能}{电能}\times100\%$$

对于任一个能量转化器，其对能量的利用率可以表示为：

$$能量的利用率=\frac{有用能量的输出}{能量的输入}\times100\%$$

不同的能量转化器，能量的利用率各不相同，如图 10-31、10-32、10-33。

火力发电厂通过燃烧燃料来发电，其燃料化学能的利用率通常也不高。典型的燃煤发电厂的能量利用率只有 35% 左右，即煤炭中所含的化学能只有 $\frac{1}{3}$ 左右被转化为电能。如果用天然气发电，由于天然气能够燃烧得更充分，其效率可以提高到 50% 左右，即使如此，也有大量能量以内能的方式被浪费掉。要是把浪费的内能用于为家庭和工业生产供热，就可以大大提高能量的利用率，这种同时供电和供热的电站称为热电站。世界上最先进的热电站——瑞典哥德堡的 Rya 热电厂，其能量利用率高达 92%。

a. 紧凑型荧光灯约为 25%　　　　b. LED 灯可达 47%～64%

图 10-31　紧凑型荧光灯和 LED 灯的电光转化率

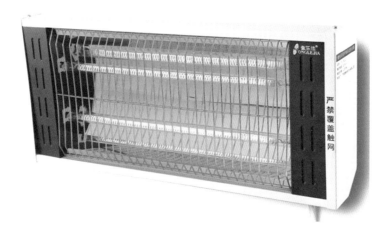

图 10-32　最有效的能量转化器之一是电热器。当电流通过电热器的发热体时，发热体温度升高并向外发出辐射。如电热取暖器中，只有极小部分的能量以光能的形式浪费掉，其能量的转化率接近 100%

图 10-33　燃油汽车的发动机是汽油机或柴油机，这些内燃机是将燃料的化学能转化为机械能的装置，但由于燃料的不充分燃烧，以及热散失、摩擦等因素，其能量的利用率较低。汽油机为 25% ~ 40%，柴油机为 30% ~ 45%